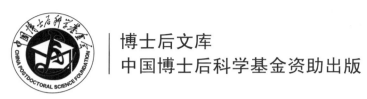

博士后文库
中国博士后科学基金资助出版

基于城市水安全的河湖网络水位调控和水力优化调度方法与应用

杨 卫 著

科学出版社

北 京

内 容 简 介

本书围绕城市内涝、湖泊水体污染和水生态功能退化等问题展开，以武汉市汤逊湖水系为研究对象，探索湖泊水量、水质和水生态的时空演变规律，提出一种基于生境需求确定湖泊适宜生态水位的新方法；构建基于 Mike Urban 的城市洪涝模型，提出湖泊汛期分期控制水位；基于入湖污染负荷总量和动态水环境容量模型，确定入湖污染负荷削减量和水质调控水位；以湖泊综合功能发挥最佳为目标，提出兼顾防洪排涝、水质改善和生态景观等综合利用功能的多目标综合控制水位方法，建立闸站群联合优化调度模型，研究提出满足防洪安全和生态环境改善的汤逊湖水系优化调度方案。

本书可供水文学与水资源、环境工程、水利水电工程等相关专业的科研人员和高校师生，以及从事城市防洪排涝、水利工程、环境工程的技术人员参考阅读。

图书在版编目（CIP）数据

基于城市水安全的河湖网络水位调控和水力优化调度方法与应用/杨卫著.
—北京：科学出版社，2023.11
（博士后文库）
ISBN 978-7-03-076937-4

Ⅰ.① 基⋯ Ⅱ.① 杨⋯ Ⅲ. ① 城市用水-水资源管理-安全管理-研究-中国
Ⅳ.① TU991.31

中国国家版本馆 CIP 数据核字（2023）第 215998 号

责任编辑：何 念/责任校对：高 嵘
责任印制：彭 超/封面设计：陈 敬

科 学 出 版 社 出版
北京东黄城根北街 16 号
邮政编码：100717
http://www.sciencep.com

武汉精一佳印刷有限公司印刷
科学出版社发行 各地新华书店经销
*

开本：B5（720×1000）
2023 年 11 月第 一 版 印张：11 1/4
2023 年 11 月第一次印刷 字数：223 000
定价：108.00 元
（如有印装质量问题，我社负责调换）

"博士后文库"编委会

"博士后文库" 序言

1985 年，在李政道先生的倡议和邓小平同志的亲自关怀下，我国建立了博士后制度，同时设立了博士后科学基金。30 多年来，在党和国家的高度重视下，在社会各方面的关心和支持下，博士后制度为我国培养了一大批青年高层次创新人才。在这一过程中，博士后科学基金发挥了不可替代的独特作用。

博士后科学基金是中国特色博士后制度的重要组成部分，专门用于资助博士后研究人员开展创新探索。博士后科学基金的资助，对正处于独立科研生涯起步阶段的博士后研究人员来说，适逢其时，有利于培养他们独立的科研人格、在选题方面的竞争意识以及负责的精神，是他们独立从事科研工作的"第一桶金"。尽管博士后科学基金资助金额不大，但对博士后青年创新人才的培养和激励作用不可估量。四两拨千斤，博士后科学基金有效地推动了博士后研究人员迅速成长为高水平的研究人才，"小基金发挥了大作用"。

在博士后科学基金的资助下，博士后研究人员的优秀学术成果不断涌现。2013年，为提高博士后科学基金的资助效益，中国博士后科学基金会联合科学出版社开展了博士后优秀学术专著出版资助工作，通过专家评审遴选出优秀的博士后学术著作，收入"博士后文库"，由博士后科学基金资助、科学出版社出版。我们希望，借此打造专属于博士后学术创新的旗舰图书品牌，激励博士后研究人员潜心科研，扎实治学，提升博士后优秀学术成果的社会影响力。

2015 年，国务院办公厅印发了《关于改革完善博士后制度的意见》（国办发〔2015〕87 号），将"实施自然科学、人文社会科学优秀博士后论著出版支持计划"作为"十三五"期间博士后工作的重要内容和提升博士后研究人员培养质量的重要手段，这更加凸显了出版资助工作的意义。我相信，我们提供的这个出版资助平台将对博士后研究人员激发创新智慧、凝聚创新力量发挥独特的作用，促使博士后研究人员的创新成果更好地服务于创新驱动发展战略和创新型国家的建设。

祝愿广大博士后研究人员在博士后科学基金的资助下早日成长为栋梁之才，为实现中华民族伟大复兴的中国梦做出更大的贡献。

中国博士后科学基金会理事长

前　　言

　　随着城市化进程的加快，我国城市地区面临河湖萎缩、内涝严重、湖泊水环境恶化和生态破坏等诸多水安全问题，对城市居民的健康和生态安全构成严重威胁。合理的水位调控是提高水资源配置的重要手段，由于城市湖泊通常兼具防洪排涝、供水、生态景观等多种功能，其水位调控问题是在防洪安全、生态健康、环境友好等复杂约束下的多目标优化问题，与单一功能湖泊相比更为复杂。如何在保障防洪安全的前提下，实现湖泊多重功能协调发展，达到湖泊资源利用最大化是城市湖泊水位调控面临的重点和难点问题。

　　为此，作者围绕城市内涝、湖泊水体污染和水生态功能退化等问题开展了深入研究，综合近年来的主要成果，撰写了本书，具体包括以下内容。

　　（1）提出基于城市水安全的湖泊综合调控水位的概念和内涵，阐述湖泊防洪排涝水位、水质调控水位、适宜生态水位、综合控制水位的概念、基本原理和确定方法。

　　（2）以汤逊湖水环境和水生态的长期观测资料和遥感影像数据等为基础，基于支持向量机的遥感影像分类得到土地利用类型的长时间序列过程，根据归一化植被指数（NDVI）和浮藻指数（FAI）建立水生植被的长期过程，通过线性回归分析方法和曼-肯德尔检验法分析城市湖泊湿地面积、水质和水生植被的时空演变规律。

　　（3）对造成洪涝灾害的直接因素——降雨特性进行分析，通过数理统计等方法对汛期进行分期划分，构建基于 Mike Urban 的城市洪涝模型，对不同分期调度方案的入湖水量过程和水位变化过程进行模拟，在保证防洪安全的前提下，以水资源最大程度利用为目标，确定汤逊湖不同分期的调度水位。

　　（4）分析影响汤逊湖水环境容量的主要因素，即流域入湖流量过程和污染负荷过程。在此基础上，构建汤逊湖水环境模拟模型，研究汤逊湖各月的动态水环境容量。根据水质调控水位的内涵，以水质达到水体功能区划要求为主要目标，提出采取削减污染物总量和水位调控相结合的方式来改善湖泊水质，对不同水位情景的湖泊水环境容量进行预测分析，确定湖泊不同月份总磷和总氮入湖污染负荷削减量和水质调控水位。

　　（5）选取水鸟和水生植物为生态保护目标，提出基于目标物种生境需求的湖泊适宜生态水位确定方法。建立目标物种适宜生境模型,分析湖泊水位与目标物种适宜生境面积的响应关系,从水鸟和水生植物不同生长阶段对环境的需求特性入手,确定湖泊不同时期的适宜生态水位。

（6）以湖泊综合功能最佳为目标,以满足防洪安全、生态健康、景观亲近、环境友好等四大主要功能为准则,建立湖泊多目标综合控制水位的计算模式。基于湖泊分期调度水位、适宜生态水位和水质调控水位研究结果,计算得到最优的湖泊综合控制水位方案,并对其合理性进行分析;以汤逊湖水系内各湖泊的综合控制水位为基础,在保证防洪安全的前提下,以最大限度满足水系内湖泊水生态功能为目标,综合考虑湖泊水量平衡、主要输水通道过水能力、各湖泊防洪排涝水位、水质调控水位和生态水位要求等复杂约束条件,建立闸站群联合优化调度模型,提出汤逊湖水系优化调度策略,使水系内水资源得到更科学合理的配置。

本书是在湖北省水利水电规划勘测设计院院长李瑞清、总工程师许明祥和武汉大学教授张利平指导下完成的。本书的出版得到博士后科学基金、湖北省水利重点科研项目"汤逊湖地区洪涝灾害风险及对策研究"（编号 HBSLKY202011）和国家自然科学基金项目"平原区河湖水系生态流量阈值及其适应性管理机制研究"（编号 U21A2002）的资助,在此表示感谢。书中有部分内容参考了有关单位或个人的研究成果,均已在参考文献中列出,在此一并致谢。

限于作者水平和认识,本书观点难免存在不足之处,敬请读者和同行专家批评指正。

杨　卫

2022 年 9 月 15 日于武汉

目　　录

第1章 绪 论

1.1 研究背景和意义

变化环境下的水安全问题是国际社会广泛关注的热点，也是我国水安全保障和实现可持续发展面临的重大挑战。受工业化、城镇化的快速发展及全球气候变化等因素的影响，城市水资源短缺、水污染、洪涝灾害等水安全问题日益突出。城市湖泊作为城市水循环的重要载体，具有防洪排涝、供水、生态景观、改善气候等多种功能。此外，城市湖泊也是一种重要的自然景观，在维持生态系统平衡、提高城市居民生活质量和幸福指数、丰富城市景观等方面具有重要意义。

近年来，随着城市化进程的发展，以武汉市湖泊群为典型代表的长江中下游湖泊群发生了重大变化。城市扩张和闸坝修建导致江湖阻隔，致使城市湖泊水域面积萎缩，调蓄功能弱化，自净能力下降，富营养化日益严重；垂直堤岸使得湖滨带生境破坏，湖泊中水生植物群落退化严重（谭飞帆 等，2012；陈晓江，2010）。此外，城市发展导致长江水循环变化加剧，"城市看海"问题、合流制溢流及面源污染问题频发，城市水问题与经济发展的矛盾日益凸显。以武汉市为例，近年来城市暴雨内涝频繁发生，2016年暴雨内涝灾害造成全市12个区75.7万人受灾，直接经济损失达22.65亿元（夏军，2018）。近几十年来，武汉市湖泊面积大量减少（汪晖，2017），河湖及湿地生态系统退化严峻，武汉市虽湖泊众多，但由于湖泊相对独立，水动力条件不足，部分湖泊水质较差，洪涝灾害和水环境等水安全问题日益严峻，已成为制约城市经济社会持续健康发展的关键瓶颈。

合理的湖泊水位调控是保障防洪安全、改善水环境和生态修复的重要手段。城市湖泊通常兼具防洪排涝、供水、生态景观等多种功能，但由于各种功能所需水位存在矛盾，城市湖泊的各种功能通常难以兼顾和协调。在保障湖泊防洪排涝安全时，往往会将湖泊降至较低水位，从而忽略了湖泊的生态景观功能，造成湖泊水量较少、汛后无水可蓄的状况，与湖泊供水和景观功能相矛盾。因此，城市湖泊水位调控问题是在防洪安全、生态健康、环境友好等复杂约束集合条件下的多目标优化问题，与单一功能湖泊的水位调控相比更为复杂。如何在众多的需求当中寻找最优的湖泊水位调控方案，实现湖泊多重功能协调发展，达到湖泊资源利用最大化是城市发展的迫切需求，也是湖泊管理工作必然要面临的重点和难点问题。

在此背景下，本书以快速城市化典型区域——武汉市汤逊湖地区为研究对象，针对研究区域面临的防洪排涝、水环境、水生态等水安全问题，开展基于城市水安全的河湖网络水位调控和水力优化调度方法与应用研究，这一研究可为城市湖泊防洪排涝和生态环境综合调控提供技术支撑，对于我国同类湖泊的管理和保护具有重要参考价值和借鉴意义。

1.2 国内外研究进展

1.2.1 湖泊防洪排涝水位研究进展

防洪排涝水位即湖泊汛期起排水位，类似于水库的汛限水位。汛限水位是水库调度中的一个重要水位，是防洪与兴利的结合点。目前对于汛限水位的研究大多集中于水库，对于湖泊起排水位的研究并不多见，但其原理和方法可借鉴水库。湖泊分期调度水位研究需要解决两个关键问题：一是汛期分期的划分；二是湖泊洪涝模型的构建。目前我国许多学者对这两个问题进行了有益的探索，其应用已取得了一定的成效。

1. 汛期分期的划分

传统的水库（湖泊）防洪调度运行方式要求在整个汛期以较低的汛限水位迎汛，这往往导致了汛期不敢蓄水，而汛期过后又无水可蓄，防洪与兴利之间矛盾突出，水资源不能有效利用的局面。而解决这一矛盾的有效途径之一就是对汛期进行分期，以分期设计洪水及先进的洪水预报技术制定分期汛限水位，在不增加防洪风险的前提下充分利用洪水资源，以缓解水资源短缺矛盾。其中如何科学合理地制定汛期分期是一个重要的技术环节。

对于汛期的划分方法最初是从形成暴雨的天气系统及暴雨、洪水本身的季节性变化特性入手，定性地寻找分期规律。研究成果大多存在着主观性和不确定性。因此，从 20 世纪 90 年代开始，汛期分期的定量研究得到了长足发展，并涌现出了大量的计算方法和分析技术。目前常用的汛期划分方法有成因分析法、数理统计法、模糊分析法、变点分析法、矢量统计分期法、相对频率分期及分形分析法等。胡振鹏等（1992）针对丹江口水库调度的需要对汛期划分进行了研究，主要包括水文统计分析和气候成因分析两个方面；陈守煜（1995）明确提出汛期的边界不清晰，是客观存在着的模糊现象，并提出了水文成因、概率统计、模糊集分析相结合的确定汛期隶属函度的综合性方法；侯玉等（1999）提出了用分形理论划分洪水分期的方法；刘攀等（2005）提出利用变点分析理论对三峡水库汛期分期进行划分；高波等（2005）研究提出了采用多因子、基于模糊相似矩阵的系统聚类分析方法。

2. 湖泊洪涝模型

20 世纪 70 年代早期，随着美国等一些国家政府机构开展城市雨洪模型研发，城市雨洪模型得到迅速发展，其主要经历了经验性模型、概念性模型和物理性模型三个阶段（Singh et al.，2015；Cantone and Schmidt，2011）。经验性模型基于对输入输出的经验来构建数学方程，又称"黑箱"模型，由于缺少对水文物理过程的分析，往往不能达到预期的精度，但其可为缺乏资料城市地区的雨洪计算提供依据，可弥补概念性模型和物理性模型在该点的不足。概念性模型是基于水量平衡原理构建的，具有一定的物理意义，其最主要的特点是模型中的参数需要实测的资料进行率定，再依据参数和构建的模型进行模拟（朱冬冬 等，2011；Schmitt et al.，2004），概念性模型构建时在模型算法、架构、约束等方面做了简化，在精细化方面有待进一步提高。物理性模型以水动力学为基础，主要建立在圣维南方程组理论上，把研究区域在空间上网格化，因此是一类分布式的水文模型（Burns et al.，2012；王晓霞和徐宗学，2008），该类模型在下垫面复杂且产汇流交织的城市地表建立难度大，对资料的要求高，求解烦琐，但其模拟精度高。

城市雨洪模型一般包括降雨径流子模块、地表汇流子模块和管网流量演算子模块（宋晓猛 等，2014；Adams and Papa，2000）。降雨径流子模块即城市降雨产流过程：降雨落到城市地表，其中落到植物上的部分先被截留蒸发；落到透水地表的雨水因地表在开始降雨时往往是较干燥的，所以会先下渗，且在降雨初期雨强还较小时，雨水全部入渗，随着降雨时间的增加及降雨强度的增大，地表逐渐开始有多余的雨水产生，该部分余水在填补注蓄后，便产生透水地表部分的径流；落到不透水面的雨水因不透水地表不存在下渗，因此雨水填补不透水地表的注蓄后便可形成径流；当降雨趋于结束，其降雨强度逐渐减小，一般此时地表仍存在积水，因此径流还不会停止，直到地表的积水完全退去（芮孝芳，2004）。城市地表产流较天然流域时间缩短，产流量增大，洪峰提前，其产流不均匀（邹霞 等，2014；Nix，1994）。

自 20 世纪 90 年代以来，随着遥感（remote sensing，RS）、地理信息系统（geographic information system，GIS）等信息技术的快速发展，将信息技术和传统机理模型相结合成为研究的热点。初期应用阶段，RS 和 GIS 技术主要用来提取城市雨洪模型输入数据，包括流域地形、河网、土地利用等，属于信息技术与城市雨洪模型的松散耦合（王龙 等，2010）。BASINS、InfoWorks CS 等模型的出现实现了城市雨洪模型与信息技术的紧密耦合。此外还有许多应用较为广泛的模型，包括暴雨洪水管理模型（storm water management model，SWMM）、Mike Urban 模型、HSPF（hydrological simulation program FORTRAN，水文模拟程序 FORTRAN）模型、DR3-QUAL 模型等。GIS 平台丰富了城市雨洪模型功能，为研究结果提供了便捷的可视化平台和友好的人机交互界面，模型功能覆盖的全面性程度有了本质飞跃，这些新兴信息技术极大地充实了机理模型的研究条件和研究手段，推动了机理模型的快速发展。

1.2.2　湖泊生态水位研究进展

20 世纪 90 年代末，Gleick（1992）首次提出了湿地基本生态需水的概念，提出为湿地系统提供一定的水量，以满足生物生境需求，恢复湿地天然生态系统。到 20 世纪末，湖泊生态水位研究已取得了较大发展。生态水位评估方法已逐渐从水文分析为主发展为以生物需求为主要目标。常用的方法分为四类：历史流量法、水力评价法、生境评价法和整体评价法（Arthington and Zalucki，1998）。其中，历史流量法和水力评价法在很大程度上依赖于可靠的长期水文数据的可用性（Chen et al.，2017；Dai et al.，2016）。这两种方法基于的概念是，低于长期形成的天然水位状况将破坏生态系统的完整性（Gao et al.，2010）。生境评价法源于水力评价法，近年来得到了广泛的应用。这种方法是利用指标物种的生态需求来评估生态系统过程的适宜性。常用的方法有物理生境模拟模型方法（Shuler and Nehring，1994）、最小生物空间需求法（Xu et al.，2005）和生境分析方法（Burgess and Vanderbyl，1996）。整体评价法是综合考虑水文和生态指标的多学科方法。由于水文因子与生态因子之间的相互作用机制极其复杂，该方法的研究尚处于起步阶段（Cui et al.，2010）。在现有的方法中，大多数是为了确定河流的环境流量需求而发展起来的，而不能直接应用于湖泊湿地。此外，这些方法的主要重点是研究最低生态水位，较少强调动态水位波动对水生物种的影响。

湖泊湿地生态需水的研究不同于河流等其他水生态系统（王新功 等，2007），维持生物多样性是湖泊需水研究的关键目标，其中以植物需水量为主，大多学者都是将植物生长与水文过程的关系作为研究重点，同时也有部分研究考虑了湖泊中动物对水量的需求，但整体而言，基于生物需求的湿地生态需水是现有研究的基本思路。由于湖泊湿地类型多样，不同研究者对湿地生态需水概念的出发点和关注角度不尽相同：部分专家认为湖泊湿地需水量是指补充蒸散发、下渗等消耗的水量（崔保山和杨志峰，2002），以此维持生态系统的良性发展；同时也有研究者认为，在湿地生态需水的研究中，应该考虑满足湿地内部合理的蓄存水量，即湿地生态需水量指为达到某种生态水平和保护生物多样性所需要的水量（张祥伟，2005）；还有专家认为湿地需水研究中应将湿地蓄水量和耗水量分别计算，即湿地生态需水量应包括维持湿地不同管理目标下的生态环境功能的地表蓄水量和湿地耗水量两部分（周林飞 等，2007）。

总体来说，湖泊湿地生态水位的研究尚处于起步阶段，至今尚未形成统一的计算方法，也没有形成完善的理论体系。当前的研究大多侧重于湖泊最低生态水位的研究，且基于目标生物水文-生态机理的生态水位研究并不多见，这些不足应是未来研究湖泊生态水位需要考虑的重要因素。

1.2.3 湖泊水质调控水位研究进展

湖泊水质调控水位是使湖泊水质达到水功能区划要求所需的最低水位（蒋婷 等，2018）。根据"中央一号文件"中水功能区限制纳污红线，可计算湖泊纳污能力，从而达到严格控制入湖排污总量，维护湖泊良好水环境的目标。

目前国内外专家学者开展了部分关于湖泊水质调控水位的研究，但研究相对较少。White 等（2008）对北美五大湖区四个偏远区域的水位、水质和水生生物群的长期数据进行了整理，揭示了自然水位波动对水质和水生生物群落的影响。张琳等（2020）构建河湖群水质数学模型，对非汛期不同水位调控方案下河湖群水质改善情况进行了模拟和分析。蒋婷等（2018）提出了三种计算湖泊水质调控水位的方法，并将其应用于黄石市磁湖，结果表明通过湖泊水位调控可以较好地改善湖泊的水质状况。李景璇等（2021）采用相关系数法开展了东平湖水位和水质指标的相关性分析，得到湖泊水位与水质具有较好的相关性，通过合理的水位调控可以在一定程度上改善东平湖的水质状况。此外，水系连通引水调控已被证实为一种国内外可行且有效的湖泊补水手段（杨卫，2018；杨卫 等，2018；贾蕾，2014）。一些专家学者对引水调控水质改善效果进行了研究。康玲等（2012）建立湖泊群水动力水质模型，分析比较了三种调度模式下大东湖的化学需氧量（chemical oxygen demand，COD）、总氮（total nitrogen，TN）和总磷（total phosphorus，TP）水质改善效果。Xie 等（2009）通过对比引水前后的 TN、TP 和 Chl-a 浓度，表明调水能够有效改善巢湖水质。陈振涛等（2015）利用水质改善率、类别变化指数和浓度变化指数分析了不同的引水水量和水源水质方案下河网水质改善情况。Li 等（2013，2011）通过湖体水龄来研究引江济太工程下不同引水路线、流量和风场等对太湖的影响。总体来看，当前研究主要集中于湖泊水位调控对湖泊水环境的影响研究，对于如何从水质角度确定湖泊调控水位，目前还缺乏明确的方法，难以指导湖泊的实际运行管理。

1.2.4 湖泊综合调控水位研究进展

目前，国内外对于湖泊水位调控的研究还比较少见，涉及综合调控水位确定方法的研究更是难以搜寻。希腊的 Parisopoulos 等（2009）针对湖泊水位综合调控管理效果的客观后评价问题，提出了三个量化指标，综合考虑了湖泊防洪、灌溉、生态等方面的需求，但其研究成果局限于对既定调控方案实际运行效果后的评价，并不适用于湖泊水位运行方案的前期决策。吴颜等（2007）针对新疆平原湖泊的特点，提出了湖泊最优运行水位的评价指标体系应包含社会经济指标、水文气象指标、生态环境指标及综合评价指标等四个方面。2011 年，水利部公益性行业科研专项"河湖综合控制水位的确定方法与水利调控技术"报告中，对于指标如何量化，如何给出综合的评价结论，以及评价结果的可信度等方面并未交代。

由此可见，对于湖泊综合调控水位的研究，可借鉴的成果非常有限。相关的理论也并未成熟，湖泊生态保护量化目标至今还没有一个广泛认可的定论，该领域存在着很大的研究空间。湖泊综合调控水位的确定实质上是处理一个多准则决策问题，受当前相关理论、资料、技术等条件的限制，将湖泊综合调控水位的确定转化为求解有限方案集的多属性决策是目前比较可行、可信的途径。

1.3　研究区域概况

1.3.1　水系概况

本书以武汉市汤逊湖为研究区域。汤逊湖位于武汉市东南部，横跨江夏区、洪山区和东湖高新技术开发区 3 个行政区，地处北纬 30°22′～30°30′、东经 114°15′～114°35′。水域面积 47.62 km²，是目前国内最大的城中湖。调蓄容积为 $3\,285\times10^4\ m^3$，汇水面积为 240.48 km²，平均水深为 2.20 m，属于典型的宽浅型湖泊。

汤逊湖流域属于长江中下游典型的平原水网地区，流域面积为 423.8 km²。汤逊湖水系由汤逊湖、黄家湖、南湖、青菱湖、野湖、野芷湖等主要湖泊组成，各主要湖泊概况如表 1.3.1 所示。流域东北部以蛇山、洪山、桂子山、关山分水岭与东沙湖水系为界，西北部濒临长江。汤逊湖水系内河道纵横交错，各大小湖泊通过青菱河、巡司河等相互连通，形成庞大的河湖水网体系（图 1.3.1）。

表 1.3.1　汤逊湖水系内主要湖泊概况

湖泊名称	水面面积/km²	正常水位/m	最高水位/m
南湖	7.67	18.65	19.65
野芷湖	1.72	18.63	19.63
黄家湖	8.12	17.65	18.65
汤逊湖	47.62	17.65	18.65
野湖	3.00	17.65	18.65
青菱湖	8.84	17.65	18.65

注：以上水位为黄海高程，下同。数据来源于《武汉市湖泊保护总体规划》。

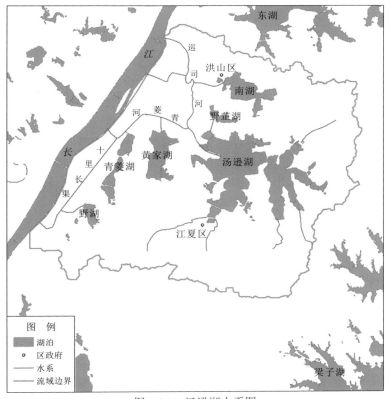

图 1.3.1　汤逊湖水系图

1.3.2　水文气象

汤逊湖地区雨量充沛，多年平均降雨量为 1 249.36 mm，最大年降雨量为 1 894.90 mm（1983 年），最小年降雨量为 730.40 mm（1966 年）。该地区降雨年内变化较大，主要集中在 4~8 月，约占全年降雨量的 64.9%，汛期（5~10 月）降雨量占全年的 66.6%，多年月平均最大降雨发生在 6 月，约为 207.55 mm；12 月和 1 月降雨最少。降雨季节性变化明显，春季（3~5 月）降雨量占全年总降雨量的 30.8%，夏季（6~8 月）降雨量较多，占全年总降雨量的 41.6%，秋季（9~11 月）降雨量占全年总降雨量的 17.1%，从秋季开始降雨量逐渐减少，冬季（12 月~次年 2 月）降雨量占全年约 10.5%。

汤逊湖地区属于亚热带湿润季风气候，雨热同季，日照充足，四季分明。多年平均气温为 16.9 ℃，极端高温为 42.2 ℃，极端低温为-18.1 ℃，全年温差较大，最冷月出现在 1 月，平均气温为 4.5 ℃，最热月出现在 7 月，平均气温 28.8 ℃，气温分布呈现出明显的"冬冷夏暖"的特点，从 1 月到 7 月各月的平均气温逐渐升高，从 8 月到 12 月各月平均气温逐渐下降。

1.3.3　湖泊功能定位和存在问题

根据《武汉市汤逊湖湖泊保护详细规划（2017~2035）》，汤逊湖是集调蓄、景观娱乐和生态调节等多重功能于一体的综合型湖泊。

（1）湖泊调蓄功能。汤逊湖水系位于武昌南部地区，跨洪山区、武昌区和江夏区，是武昌片区的主要排水通道，承雨面积为 420 km²。目前，汤逊湖水系汛期雨水通过汤逊湖泵站和江南泵站抽排出江，汇水面积大、流程长，易造成洪涝灾害。另外，江夏、光谷为暴雨中心之一，降雨相对丰沛，且主要集中在春夏两季。此外，湖泊水系割裂，导致湖泊调蓄功能降低，洪涝灾害风险加剧，造成汤逊湖周边地区洪涝灾害问题突出。因此，汤逊湖有必要进一步开展防洪排涝优化调度研究，充分发挥其防洪蓄涝功能，以确保周边地区的生命财产安全、粮食安全、生态安全、通信安全和交通安全。

（2）景观娱乐和生态调节功能。随着汤逊湖周边地区城市化的快速发展，汤逊湖的城市景观功能、文化载体功能、经济价值显得愈加重要。汤逊湖目前已成为国内最大的城中湖，正逐渐发展为以大型自然湖泊为核心，湖光山色为特色，融合楚文化与梁子湖本土文化，集旅游观光、休闲度假、科普教育为主要功能的旅游景区。汤逊湖畔的藏龙岛湿地植物种类 152 种，鸟类 59 种，有国家二级保护水生植物野莲和野菱，省级保护动物 31 种。由此可见，无论是从汤逊湖自身的生态保护价值来看，还是从外界赋予其重要的生态地位来看，汤逊湖都具有重要的生态环境功能。然而，目前汤逊湖水系割裂，湖岸线逐渐萎缩、水生植被覆盖度不断下降，严重影响着湖泊的生态健康，汤逊湖的生态景观功能受到严重威胁。

汤逊湖水质目标为地表水环境质量 III 类标准。近 5 年，汤逊湖水质为 V 类甚至劣 V 类，与目标值相差甚远。汤逊湖的水生态保护以恢复和稳定湖泊健康水生态系统，充分发挥湖泊水体自净能力和生态景观效益为总体目标，在入湖污染物得到有效控制之后，通过保障湖泊最低生态水位、湖滨缓冲带的保护与修复、湖泊水生态修复等工程措施，配合科学的湖泊生态维护管理措施，有效防控蓝藻水华和水体富营养化，改善提升水生态质量，保障湖泊水体"长治久清"。

第2章 湖泊水量-水质-水生态时空演变特征

2.1 研 究 方 法

2.1.1 趋势分析方法

目前常用的趋势分析方法包括线性回归分析方法、曼-肯德尔（Mann-Kendall，M-K）检验法、肯德尔（Kendall）秩次相关检验法、滑动平均法、累积曲线法和R/S分析法等。本书选取线性回归分析方法和M-K检验法对湖泊水环境和水生植被变化规律进行分析。

1. 线性回归分析方法

线性回归分析方法是一种参数估计方法，是趋势分析中最常用的方法之一。该方法是通过建立样本时间序列与相应时序之间的线性回归方程来检验时间序列变化的趋势性，可以简便判断样本时间序列是否具有递增或递减趋势，其线性方程的斜率可以表征样本时间序列的趋势变化率（宋廷山和葛金田，2009）。

假定一个样本时间序列 $x_1, x_2, x_3, \cdots, x_n$，其对应的时序值 $t_1, t_2, t_3, \cdots, t_n$，建立变量 x_i 与 t_i 之间的线性回归方程：

$$x_i = a + bt_i \quad (i = 1, 2, \cdots, n) \tag{2.1.1}$$

式中：a 和 b 为回归系数。按回归方法求出参数 a 和 b 的估计值 $\hat{a}$ 和 $\hat{b}$，以及 $\hat{b}$ 的方差 $s^2(\hat{b})$。计算公式如下：

$$\begin{cases} \hat{b} = \dfrac{\sum\limits_{t=1}^{n}(t-\bar{t})(x-\bar{x})}{\sum\limits_{t=1}^{n}(t-\bar{t})^2} \\[4mm] \hat{a} = \bar{x} - \hat{b}\bar{t} \\[4mm] s^2(\hat{b}) = \dfrac{\sum\limits_{t=1}^{n}(x-\bar{x})^2 - \hat{b}^2\sum\limits_{t=1}^{n}(t-\bar{t})^2}{(n-2)\sum\limits_{t=1}^{n}(t-\bar{t})^2} \end{cases} \tag{2.1.2}$$

式中：$\bar{t}$、$\bar{x}$ 分别为序列 x_i 和 t_i 的均值。

若 $\hat{b}>0$，则 x 随 t 的增加呈上升趋势；若 $\hat{b}<0$，则 x 随 t 的增加呈下降趋势。

2. M-K 检验法

M-K 检验法是世界气象组织（World Meteorological Organization，WMO）推荐的一种非参数检验法，常用于分析降水、径流、气温等要素时间序列的趋势变化，其优点在于样本不需要遵循某一特定的分布，很少受到异常值的干扰，且计算较为简单。

对于时间序列 $\{x_i; i=1,2,\cdots,n\}$，其检验统计量 S 的计算公式为

$$S = \sum_{i=1}^{n-1} \sum_{j=i+1}^{n} \text{sgn}\,(x_j - x_i) \tag{2.1.3}$$

$$\text{sgn}\,(x_j - x_i) = \begin{cases} 1, & x_i < x_j \\ 0, & x_i = x_j \\ -1, & x_i > x_j \end{cases} \tag{2.1.4}$$

S 为正态分布，其均值为 0，方差为 $\text{Var}\,(S) = n(n-1)(2n+5)/18$。当 $n \geq 10$ 时，标准统计量通过下式计算：

$$Z = \begin{cases} \dfrac{S-1}{\sqrt{\text{Var}\,(S)}}, & S > 0 \\ 0, & S = 0 \\ \dfrac{S+1}{\sqrt{\text{Var}\,(S)}}, & S < 0 \end{cases} \tag{2.1.5}$$

对于给定显著性水平 α：若 $|Z|>Z_{\alpha/2}$，则拒绝原假设，即认为序列存在显著上升或下降趋势（当 $Z>0$ 时，表示上升趋势；$Z<0$，表示下降趋势）；若 $|Z|<Z_{\alpha/2}$，则接受原假设，说明序列趋势不显著。Z 绝对值在大于 1.65、1.96、2.58 时，分别表示通过了置信度 90%、95% 和 99% 的显著性检验。

2.1.2　土地利用类型提取方法

1. 数据预处理

遥感成像时，由于各种因素的影响，遥感影像存在一定的几何畸变、大气消光、辐射量失真等现象，这些畸变和失真现象影响了影像的质量和应用，所以必须对原始遥感影像进行预处理。遥感影像的预处理主要包括几何校正、辐射定标

和大气校正等过程。辐射定标的目的是消除传感器本身产生的误差，大气校正的目的是消除大气中水蒸气、氧气、二氧化碳等大气分子与气溶胶散射的影响。本书利用 ENVI 5.2 软件的通用辐射定标工具（radiometric calibration）和 FLAASH 大气校正模块分别对原始影像数据进行辐射定标与大气校正等预处理。

2. 土地利用类型分类

参照我国国土资源分类体系，考虑汤逊湖地区实际地形情况，将研究区域的土地利用类型分为以下五类。

（1）建筑用地：包括城镇建筑及设施用地、居民区、工矿生产及办公用地、交通运输及其他特殊用途用地等。

（2）林地/绿地：包括各种天然林地、人工林地、果园、草甸、苇丛及城市绿化用地等。

（3）农用地：主要包括耕地、蔬菜园地等。

（4）水体：包括天然或人工湖泊、鱼塘、河渠等。

（5）裸地：包括盐碱地、沙地、城市建设施工裸地及其他无植被或植被覆盖稀少的土地等。

3. 遥感影像分类方法

遥感影像分类方法主要包括基于统计方法的遥感分类和基于专家知识与地学知识的分类等分类方法。其中基于统计方法的监督分类和非监督分类，是遥感分类的常用方法。

本书在确定的土地利用类型分类体系的基础上，通过建立汤逊湖地区土地利用解译标志，结合谷歌地球（Google Earth）实际地物信息，从遥感影像上提取地物信息的影像特征，基于支持向量机（support vector machine，SVM）模型，采用监督分类法，对影像进行遥感判读、解译。支持向量机分类是基于对训练样本数据进行训练而得到的分类模型进行的，根据有限样本信息对训练样本的学习精度，寻求识别任意样本的推广能力。本书利用遥感图像处理软件 ENVI 5.2 监督分类的 SVM 模块实现。

2.1.3　湖泊水生植被覆盖度提取方法

水生植物作为湖泊湿地的重要组成，其数量和分布变化影响着湖泊生态系统的平衡。传统监测方法需要大量的人力、物力，对于大尺度长序列的植被调查难以实现。相对于传统的人工监测，卫星遥感具有大范围、快速、周期性监测的特点，可有效地克服传统地面观测站点有限、资料不完整等缺陷，实现观测方法由点向面的空间尺度转换，是浅水湖泊水生植被类群时空监测的有效手段。

1. 归一化植被指数法

归一化植被指数（normalized differential vegetation index，NDVI）是监测水生植被生长状况和反映植被生态环境的重要指标之一（曹毅和王辉，2014），在水生植被遥感研究中，NDVI 是目前广泛使用的一种植被指数，在一定程度上它可消除与太阳高度角、卫星观测角、地形、云阴影和大气条件有关的辐照度条件等影响，从而增加植被覆盖度监测的灵敏性。NDVI 计算公式为

$$\mathrm{NDVI} = (R_{\mathrm{NIR}} - R_{\mathrm{RED}}) / (R_{\mathrm{NIR}} + R_{\mathrm{RED}}) \tag{2.1.6}$$

式中：R_{NIR} 为近红外波段的反射率值；R_{RED} 为红波段的反射率值。

本书选取的 Landsat TM 遥感影像中，Band 3（波长 630～690 nm）为红色波段，Band 4（波长 760～900 nm）为近红外波段；Landsat OLI 遥感影像中，Band 4（波长 640～670 nm）为红色波段，Band 5（波长 850～880 nm）为近红外波段。

2. 浮藻指数法

浮藻指数（floating algae index，FAI）法是由 Hu（2009）提出的一种监测开阔水域中植被信息的方法，引入中红外波段，能对复杂大气环境进行校正，与传统方法相比，具有更好的稳定性，在湖泊水生植物提取中得到了很好的应用（Zhang et al.，2016；Liu et al.，2015）。其具体计算公式为

$$\mathrm{FAI} = R_{\mathrm{NIR}} - R'_{\mathrm{NIR}} \tag{2.1.7}$$

$$R'_{\mathrm{NIR}} = R_{\mathrm{RED}} + (R_{\mathrm{SWIR}} - R_{\mathrm{RED}}) \times (\lambda_{\mathrm{NIR}} - \lambda_{\mathrm{RED}}) / (\lambda_{\mathrm{SWIR}} - \lambda_{\mathrm{RED}}) \tag{2.1.8}$$

式中：R_{NIR}、R_{RED}、R_{SWIR} 分别为近红外波段、红色波段和中红外波段的反射率值；λ_{NIR}、λ_{RED}、λ_{SWIR} 分别为近红外波段、红色波段和中红外波段的中心波长。

对于 Landsat TM 遥感影像，$\lambda_{\mathrm{NIR}} = 825$ nm，$\lambda_{\mathrm{RED}} = 660$ nm，$\lambda_{\mathrm{SWIR}} = 1\ 650$ nm；对于 Landsat OLI 遥感影像，$\lambda_{\mathrm{NIR}} = 865$ nm，$\lambda_{\mathrm{RED}} = 655$ nm，$\lambda_{\mathrm{SWIR}} = 1\ 610$ nm。

由于植被区域和水体光谱特征存在差别，有水生植被区域可以通过一个临界阈值，即 FAI 阈值，从开阔水域中分离出来。值大于 FAI 阈值的像素被定义为植被信号，值小于 FAI 阈值的像素被定义为水体信号。

2.2 流域土地利用类型变化

2.2.1 数据来源

选取 1990 年、1998 年、2003 年、2008 年、2013 年和 2017 年各一幅云量小于 10%的 Landsat 遥感影像（表 2.2.1），用于不同时期汤逊湖地区土地利用类型提取，数据来源于地理空间数据云平台（http://www.gscloud.cn）。

表 2.2.1　遥感影像数据来源

数据类型	影像时间（年-月-日）	分辨率	数据来源
Landsat-5 TM	1990-09-02	30 m×30 m	地理空间数据云平台
Landsat-5 TM	1998-10-26	30 m×30 m	地理空间数据云平台
Landsat-7 ETM	2003-01-17	30 m×30 m	地理空间数据云平台
Landsat-5 TM	2008-12-24	30 m×30 m	地理空间数据云平台
Landsat-8 OLI	2013-10-03	30 m×30 m	地理空间数据云平台
Landsat-8 OLI	2017-12-17	30 m×30 m	地理空间数据云平台

2.2.2 土地利用类型提取

遥感影像经过数据预处理后，基于相应解译标志，采用监督分类方法，提取了不同时期汤逊湖流域的土地利用类型图，如图 2.2.1 所示。计算得到不同时期土地利用类型变化情况，见表 2.2.2。可以看出，1990～2017 年，水体面积减少10.61 km^2，建筑用地持续增加，累计增加 78.52 km^2，林地/绿地面积减少77.76 km^2，农用地呈现先增加后减少的趋势，裸地面积有所增加。其中：1990～2003 年，林地/绿地面积大幅减少，农用地面积显著增加，该阶段建筑用地相对较少，主要集中于南部和东北部地区，但呈现增加的趋势，说明该阶段仍以农业发展为主，但建筑用地开始扩张，城市化进入初级发展阶段；2003～2008 年，大量农用地开发为建筑用地，汤逊湖周边东北部和南部地区建筑用地急剧增加，说明此期间汤逊湖地区已经进入城市急剧扩张阶段；2013～2017 年，建筑用地进一步增大，林地/绿地面积减少，其他土地利用类型变化不大。

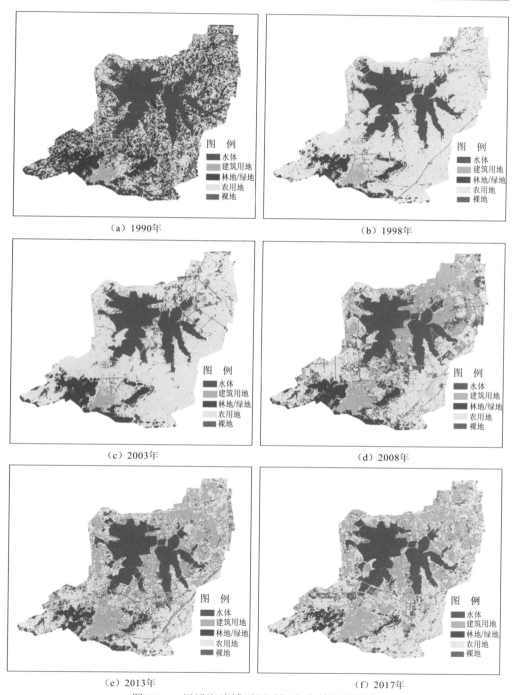

（a）1990年　　　　　　　　　　　　（b）1998年

（c）2003年　　　　　　　　　　　　（d）2008年

（e）2013年　　　　　　　　　　　　（f）2017年

图 2.2.1　汤逊湖流域不同时期土地利用类型图

表 2.2.2   汤逊湖流域土地利用类型变化   （单位：km^2）

土地利用类型	1990 年	1998 年	2003 年	2008 年	2013 年	2017 年	变化量	M-K 统计量
水体	53.63	46.39	46.75	46.53	43.99	43.02	-10.61	-1.88
建筑用地	16.46	30.68	24.67	81.47	95.24	94.98	78.52	1.88
林地/绿地	90.11	14.23	19.36	21.04	18.84	12.35	-77.76	-1.13
农用地	78.85	144.39	138.85	75.41	73.42	80.21	1.36	0.75
裸地	3.25	6.60	12.68	17.85	10.82	11.73	8.48	1.13

从水体面积的变化情况来看，1990～2017 年，水体面积持续减少，其中
1990～1998 年减少幅度最大，汤逊湖一些水域逐渐被开发为农田、鱼塘等农用地
（图 2.2.2）。2003～2017 年，由于建筑用地的大量扩张，汤逊湖部分湖岸线被裁弯
取直，湖泊水面被严重挤占。从 2006 年和 2016 年长岛别墅区卫星对比图（图 2.2.3）
可以看出，原本的湖体被人为填满，将原来相连的汤逊湖面人为分隔。

（a）1991年12月   （b）1998年12月

图 2.2.2   汤逊湖卫星对比图

（a）2006年7月   （b）2016年7月

图 2.2.3   长岛别墅区卫星对比图

类似的情况还发生于保利橡树十二庄园等多个地区，从保利橡树十二庄园卫星对比图（图 2.2.4）可以看出，该地区原本有许多小湖泊，这些小湖泊被人为填埋建成了高楼，湖岸线遭到严重挤占，这将给该地区的防洪排涝造成极大压力。

（a）2006年7月　　　　　　　　　　　　　（b）2016年7月

图 2.2.4　保利橡树十二庄园卫星对比图

2.3　湖泊水质时空特征

2.3.1　水质类别分析

根据武汉市环境保护局发布的《武汉市水资源公报》，2011～2016 年汤逊湖水系主要湖泊水质状况和营养状况分别见表 2.3.1 和表 2.3.2。汤逊湖水系总体水质较差，所有湖泊均未达到水质管理目标的要求，总体上差 1～2 级。自 2011 年以来，南湖水质一直维持在劣 V 类，处于中度富营养化状态。野湖和野芷湖总体水质均较差，2014 年有所好转，由劣 V 类转变为 V 类，但 2015 年又恶化为劣 V 类，近年来一直处于中度富营养化状态。黄家湖水质基本维持在 V 类，2013 年以前为轻度富营养化状态，2014 年以后转变为中度富营养化状态。2015 年以前青菱湖水质较差，为 V 类或劣 V 类水体，处于重度富营养化状态，目前水质有所好转，为 IV 类水体。2013 年以前汤逊湖水质整体较好，为 IV 类水体，处于轻度富营养化状态，2014 年以后水质恶化，目前为 V 类水体，处于中度富营养化状态，水质难以达到使用功能的要求。

表 2.3.1　2011～2016 年汤逊湖水系主要湖泊水质状况表

湖泊名称	2011 年	2012 年	2013 年	2014 年	2015 年	2016 年	管理目标
南湖	劣 V	劣 V	劣 V	劣 V	劣 V	劣 V	IV
野芷湖	V	劣 V	劣 V	V	劣 V	劣 V	IV

湖泊名称	2011 年	2012 年	2013 年	2014 年	2015 年	2016 年	管理目标
野湖	劣 V	劣 V	V	V	劣 V	劣 V	IV
黄家湖	V	V	IV	V	V	V	III
青菱湖	V	V	V	V	劣 V	IV	III
汤逊湖	IV	IV	IV	V	V	V	III

表 2.3.2　2011~2016 年汤逊湖水系主要湖泊营养状况表

湖泊名称	2011 年	2012 年	2013 年	2014 年	2015 年	2016 年
南湖	中度	中度	中度	中度	中度	中度
野芷湖	中度	中度	中度	中度	中度	中度
野湖	中度	中度	中度	中度	中度	中度
黄家湖	轻度	中度	轻度	中度	中度	中度
青菱湖	中度	中度	中度	中度	中度	重度
汤逊湖	轻度	轻度	轻度	中度	中度	中度

2014 年汤逊湖水系主要湖泊主要水质指标年均值见表 2.3.3，可以看出，各个湖泊现状水质指标的浓度均超过湖泊功能区划水质标准。从整体上看，NH_3-N、TN 和 TP 质量浓度超标严重，是汤逊湖湖泊群水体的主要污染物。其中，南湖水质最差，NH_3-N、TN 和 TP 质量浓度均超过 IV 类标准，超标倍数分别达到 4.36 倍、7.6 倍和 8 倍；汤逊湖 TP、TN 质量浓度均超过 IV 类标准，NH_3-N 质量浓度超过 III 类标准；野芷湖 TP、TN 质量浓度均超过 IV 类标准；青菱湖 TP、TN 质量浓度均超过 IV 类标准，NH_3-N 质量浓度超过 III 类标准。

表 2.3.3　2014 年汤逊湖水系主要湖泊主要水质指标的监测质量浓度年均值

（单位：mg/L）

项目	溶解氧	COD_{Mn}	BOD_5	NH_3-N	TP	TN
汤逊湖	7.2	5.5	2.1	1.21	0.11	3.09
南湖	6.3	6.6	3.8	8.04	0.86	13.50
野芷湖	7.2	5.1	1.5	0.93	0.14	2.54
青菱湖	7.0	8.5	3.2	1.17	1.17	2.36
标准值（III 类）	5	6	4	1.0	0.05	1.0
标准值（IV 类）	3	10	6	1.5	0.10	1.5

注：COD_{Mn} 为高锰酸盐指数；BOD_5 为 5 日生化需氧量

2.3.2   水质变化趋势分析

本书选取 2000~2018 年汤逊湖水质监测数据进行分析。其中：2000~2014 年的水质数据是在华泰山庄、内外湖中心和江夏大酒店这 3 个监测点获得；2015~2018 年的水质数据是在内汤逊湖湖心、外汤逊湖湖心、外汤武大分校、内汤观音像、内汤工业园、内汤洪山监狱和外汤焦石咀这 7 个监测点获得。

汤逊湖水质平均质量浓度随时间变化趋势如图 2.3.1 所示。可以看出，2000~2018 年汤逊湖 TN、TP 平均质量浓度呈现递增趋势，趋势较为明显，TN、TP 平均质量浓度平均每年增加分别为 0.116 mg/L、0.006 mg/L。2007 年以前汤逊湖水质整体较好，除 2002 年以外，平均水质均优于 IV 类，但整体处于上升趋势；2008~

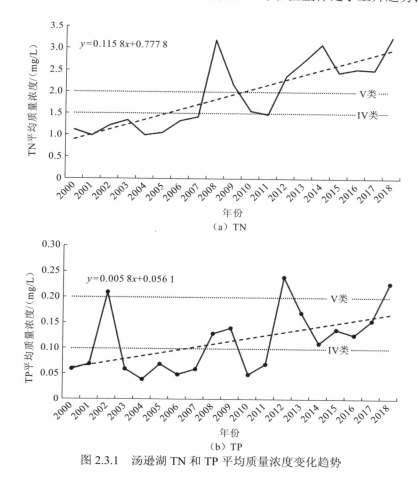

图 2.3.1   汤逊湖 TN 和 TP 平均质量浓度变化趋势

2009 年水质出现明显恶化，TN 平均质量浓度达到劣 V 类，TP 平均质量浓度为 V 类，2010～2011 年水质有所好转，2012 年以后水质逐渐恶化，2018 年 TN 和 TP 平均质量浓度均为劣 V 类。

为了进一步了解汤逊湖水质的变化规律，采用 M-K 检验法对 TN 和 TP 平均质量浓度进行趋势分析。得到 TN 和 TP 统计量分别为 4.058 和 2.274，均通过了显著性水平为 95% 的检验，表明 2000～2018 年 TN 和 TP 平均质量浓度均呈现显著上升的趋势，这与线性回归分析得到的结果一致。

2.3.3 水质空间变化分析

将汤逊湖划分为外汤武大分校（S1）、外汤焦石咀（S2）、外汤逊湖湖心（S3）、内汤逊湖湖心（S4）、内汤工业园（S5）、内汤观音像（S6）和内汤洪山监狱（S7）这 7 个分区，根据 2015～2018 年监测点的 TN 和 TP 质量浓度，得到各分区 TN 和 TP 平均质量浓度空间分布图如图 2.3.2 所示。可以看出，各分区水质指标的质量浓度差异较大，外汤逊湖湖心（S3）、内汤逊湖湖心（S4）、内汤工业园（S5）和内汤洪山监狱（S7）这 4 个区域 TN 平均质量浓度较高，外汤逊湖湖心（S3）和外汤焦石咀（S2）这两个区域 TP 平均质量浓度较高。

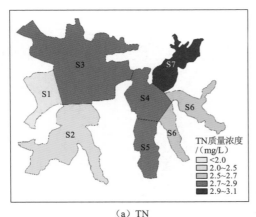 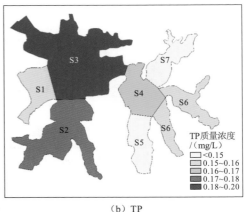

(a) TN　　　　　　　　　　　　(b) TP

图 2.3.2 2015～2018 年汤逊湖 TN 和 TP 平均质量浓度空间分布

从 2018 年汤逊湖各分区水质指标质量浓度图（图 2.3.3）可以看出，2018 年外汤逊湖的 TN 和 TP 质量浓度相比内汤逊湖均较高，外汤逊湖整体污染较为严重，内汤工业园（S5）和内汤观音像（S6）这两个分区的水质相对较好。

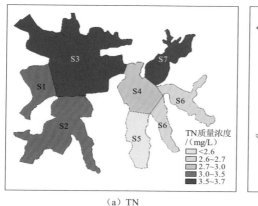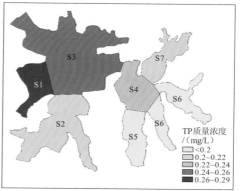

（a）TN （b）TP

图 2.3.3 2018 年汤逊湖 TN 和 TP 质量浓度空间分布

2.4 湖泊水生植被演变特征

2.4.1 数据来源

由于水生植被在 9～10 月生长相对较为稳定，所以选取 1990～2017 年 9～10 月云量小于 10%的 Landsat 遥感影像数据（如果无满足要求的遥感影像，则选取邻近月份），进行汤逊湖水生植被年际变化特征提取和分析；选取 2013 年 4 月、7 月、10 月和 12 月的 Landsat 遥感影像数据提取水生植被分布图，分别代表春季、夏季、秋季和冬季 4 个季节的水生植被变化情况，遥感影像数据情况见表 2.4.1，分辨率均为 30 m×30 m，数据来源于地理空间数据云平台（http://www.gscloud.cn）。

表 2.4.1 遥感影像数据来源

数据类型	影像时间（年-月-日）	数据类型	影像时间（年-月-日）
Landsat-5 TM	1990-09-02	Landsat-7 ETM	2000-09-21
	1992-09-23		2001-09-24
	1994-09-29		2002-09-11
	1996-09-02	Landsat-8 OLI	2013-04-26
	2004-09-24		2013-07-31
	2005-09-11		2013-10-03
	2006-08-13		2013-12-06
	2008-07-17		2014-10-06
	2009-09-06		2015-10-25
	2011-09-12		2016-08-24
			2017-10-30

2.4.2 湖泊水生植被提取及精度评价

1. 水生植被光谱特征变量分析

选取 2014 年 10 月 6 日和 2015 年 10 月 25 日两景 Landsat-8 OLI 遥感影像数据，经过数据预处理后，提取归一化植被指数（NDVI）和浮藻指数（FAI）这两个特征变量，提取结果如图 2.4.1 所示。可以看出，NDVI 和 FAI 空间分布情况较为一致，湖泊边界区域（特别是东北部和西南部地区）FAI 和 NDVI 值均较高，湖中心 NDVI 和 FAI 值均较小。

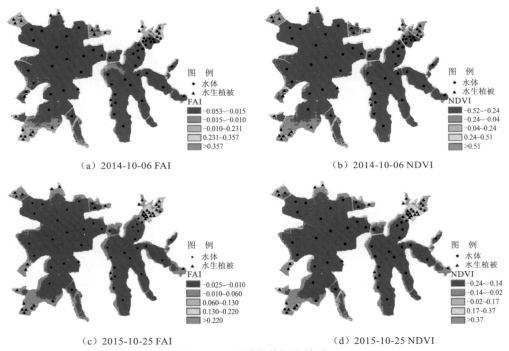

（a）2014-10-06 FAI 　　　　（b）2014-10-06 NDVI

（c）2015-10-25 FAI 　　　　（d）2015-10-25 NDVI

图 2.4.1　两种指数提取结果

利用 2014 年和 2015 年水生植被和水体实际监测结果（图 2.4.1），对两种方法进行敏感性分析。根据遥感影像结果，提取监测点两个时期的 NDVI 值和 FAI 值，如图 2.4.2 所示。可以看出，在两个时期，无论是水生植被还是水体，FAI 值分布均较为集中，两个时期平均值较为接近，表明 FAI 比 NDVI 更稳定。因此，本书在接下来的分析中均采用 FAI 值来提取湖泊水生植被和水体。

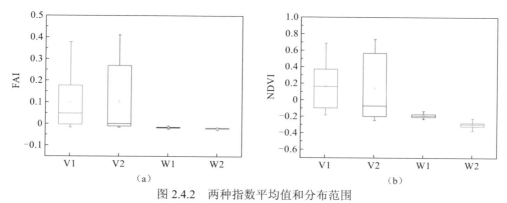

图 2.4.2　两种指数平均值和分布范围

V1、V2 分别表示 2014 年 10 月 6 日和 2015 年 10 月 25 日水生植被监测点，

W1、W2 分别表示 2014 年 10 月 6 日和 2015 年 10 月 25 日水体监测点

2. 阈值确定

为了确定适合汤逊湖水生植被检测的 FAI 阈值（T_{FAI}），选取 2015 年 10 月的 FAI 提取结果，与 2015 年 6～10 月实际监测的 78 个监测点结果对比，对不同 T_{FAI} 的总体精度进行评估。

以 0.005 为步长，将 T_{FAI} 从-0.020 增加到 0.085，基于实测数据评估遥感影像获取的水生植被分布的总体精度，结果如图 2.4.3 所示。可以看出，随着 T_{FAI} 的增加，监测点中水生植被的比例下降。总体精度由 60% 提高到 93%，然后逐渐下降到 74%，当 T_{FAI} 为-0.010 时，总体精度最高，为 93.5%。

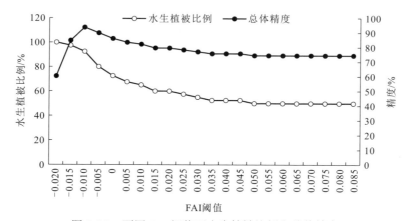

图 2.4.3　不同 FAI 阈值下水生植被比例和总体精度

为进一步分析水生植被提取精度随 FAI 阈值的变化，基于 T_{FAI} 为-0.015、-0.010 和 0 生成了 2015 年 10 月水生植被分布图，如图 2.4.4 所示。当 T_{FAI} 为-0.015 时，植被覆盖度为 97.5%，总体精度为 84.6%，西南部和东部湖汊区域的提取结果与实测结果存在较大的差异，提取的水生植被分布范围远高于实际情况。当 T_{FAI} 为 0 时，总体精度为 85.8%，西南部和西北部湖汊地区的水生植被没有被检测到，提取的水生植被范围小于实际情况。当 T_{FAI} 为-0.010 时，总体精度为 93.5%，遥感提取结果与实测结果基本一致。因此，选取-0.010 作为汤逊湖水生植被和水体的分类阈值。

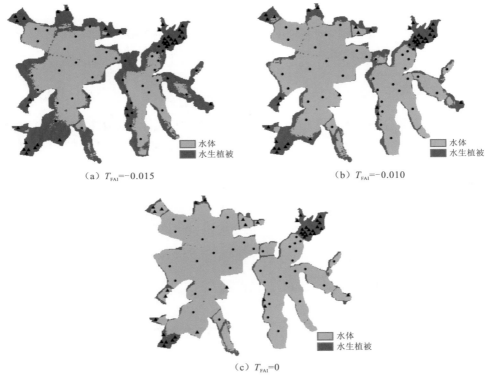

（a）T_{FAI}=-0.015　　　　　　　　（b）T_{FAI}=-0.010

（c）T_{FAI}=0

图 2.4.4　不同 FAI 阈值下水生植被分布图

3. 精度评价

为了验证模型的稳定性和准确性，将模型应用于 2014 年 10 月的遥感影像，基于 T_{FAI}=-0.010 绘制了水生植被分布图，如图 2.4.5 所示，精度结果见表 2.4.2。2014 年、2015 年水生植被提取精度分别为 75.86%、92.50%，总体精度分别为 90.67%、93.59%，总体预测结果较好。2014 年水生植被站点为 29 个，2015 年的增加到 40 个，Landsat 遥感影像生成的水生植被分布面积也有所下降，与实地调查结果相吻合。2014 年水生植被覆盖度较小，总体精度也较低。这是因为当水生植被覆盖度降低时，部分站点被极其稀疏的水生植被覆盖，导致 Landsat 遥感影像无法检测到。

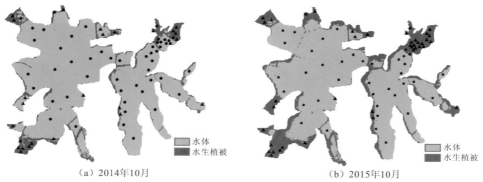

（a）2014年10月　　　　　　　　　（b）2015年10月

图 2.4.5　2014 和 2015 年水生植被分布图

表 2.4.2　2014 和 2015 年水生植被提取结果和精度

年份	实测	预测结果			
		水生植被	水体	精度/%	总体精度/%
2014	水生植被	22	7	75.86	90.67
	水体	0	46	100.00	
2015	水生植被	37	3	92.50	93.59
	水体	2	36	94.74	

2.4.3　湖泊水生植被时空演变规律

1. 汤逊湖水生植被年内变化特征

根据浮藻指数法，提取得到汤逊湖 2013 年春季（3～4 月）、夏季（6～7 月）、秋季（9～10 月）和冬季（12 月～次年 1 月）4 个季节的水生植被分布图，如图 2.4.6 所示。可以看出，汤逊湖水生植被主要分布在湖泊边界、东北部和西南部湖汊地区，水生植被分布区域存在明显的季节变化。在春季，汤逊湖水生植被覆盖度较小，仅东北部地区有少量水生植物。在夏季，西北部和西南部开始出现少量水生植物，东北部水生植被分布更茂密。在秋季，水生植被分布范围与夏季基本一致，西南部水生植物进一步生长，占据了更大的面积。在冬季水生植被面积开始下降，西北部和西南部地区水生植被覆盖度趋于零。

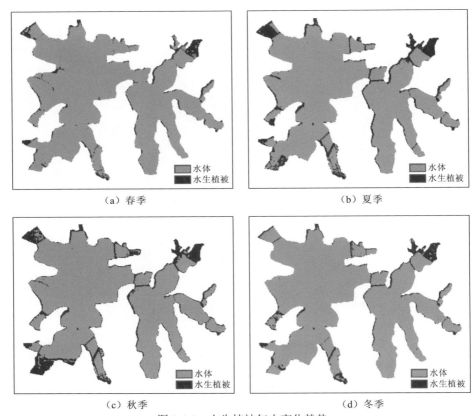

（a）春季　　　　　　　　　　　　（b）夏季

（c）秋季　　　　　　　　　　　　（d）冬季

图 2.4.6　水生植被年内变化趋势

2. 汤逊湖水生植被年际变化特征

根据浮藻指数法，提取得到汤逊湖 1990～2017 年水生植被分布图，如图 2.4.7 所示。可以看出，在这 28 年里，分布的空间格局发生了一些变化，2001 年以前，汤逊湖水生植被分布主要分布于北部、西部边界区域、西南部和东部湖汊区域，2000 年以后东南部和西部地区水生植被有所减少，主要分布于东北部和西南湖汊地区。

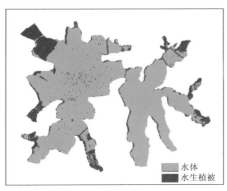

（a）1990年

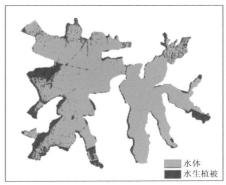

（b）1992年

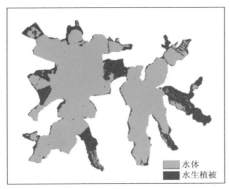

（c）1994年

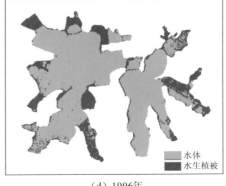

（d）1996年

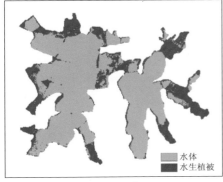

（e）2000年

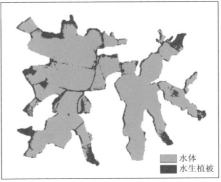

（f）2001年

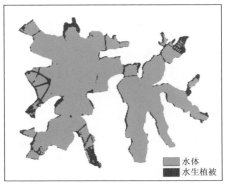

（g）2002年

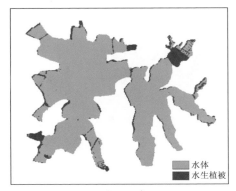

（h）2004年

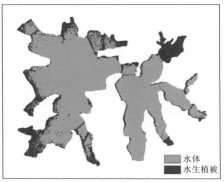

（i）2005年

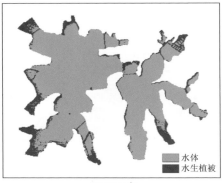

（j）2006年

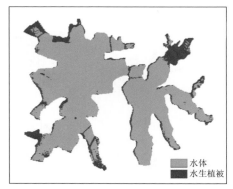

（k）2008年

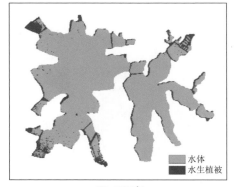

（l）2009年

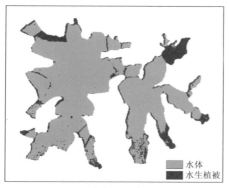

（m）2011年

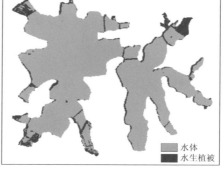

（n）2013年

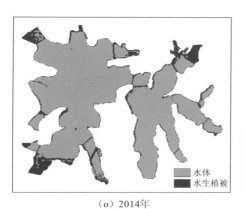

（o）2014年

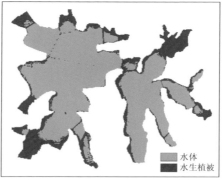

（p）2015年

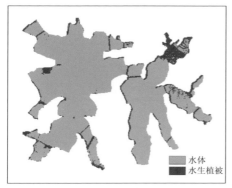

（q）2016年

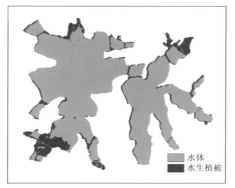

（r）2017年

图 2.4.7　1990～2017 年汤逊湖水生植被分布图

从水生植被覆盖度变化趋势（图 2.4.8 和表 2.4.3）可以看出，1990～2017 年汤逊湖水生植被覆盖度呈现减小的趋势，水生植被面积平均每年减少为 0.17km^2。这 28 年水生植被覆盖度范围为 9.39%～26.84%，平均水生植被覆盖度为 16.04%。2000 年水生植被覆盖度最大，为 26.84%，2000～2004 年水生植被覆盖度逐渐下降到 9.39%，随后水生植被覆盖度有所上升，并呈现波动变化。采用 M-K 检验法对水生植被面积进行趋势分析。得到水生植被面积统计量为 -1.515，未通过显著性水平为 95% 的检验，表明 1990～2017 年水生植被面积呈现下降的趋势，但下降趋势不显著。

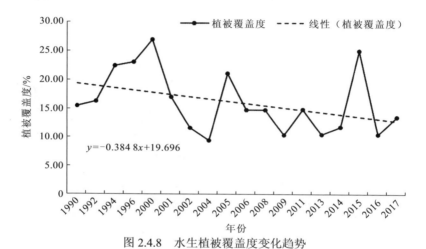

图 2.4.8　水生植被覆盖度变化趋势

表 2.4.3　水生植被面积及覆盖度变化趋势

项目	1990 年	1992 年	1994 年	1996 年	2000 年	2001 年	2002 年	2004 年	2005 年
植被面积/km^2	6.71	7.05	9.69	9.97	11.62	7.37	5.04	4.07	9.09
植被覆盖度/%	15.49	16.28	22.39	23.04	26.84	17.02	11.63	9.39	20.99

项目	2006 年	2008 年	2009 年	2011 年	2013 年	2014 年	2015 年	2016 年	2017 年
植被面积/km^2	6.38	6.38	4.48	6.42	4.53	5.11	10.77	4.50	5.84
植被覆盖度/%	14.73	14.74	10.35	14.84	10.46	11.79	24.87	10.40	13.49

2.5　本　章　小　结

本章结合第 1 章介绍的研究区域的水系概况、水文气象、湖泊功能定位和存在问题等基本概况,对湖泊水量、水质和水生态的时空演变规律进行了分析,为进一步研究湖泊的综合调控水位提供支撑,主要研究内容和结论如下。

(1)基于 Landsat 遥感影像数据,利用监督分类法,提取得到 1990～2017 年汤逊湖流域土地利用类型的变化情况,研究结果表明,1990～2017 年,水体面积减少 10.61 km^2,建筑用地持续增加,累计增加 78.52 km^2,林地/绿地面积减少 77.76 km^2,农用地呈现先增加后减少的趋势,裸地面积有所增加。其中:1990～1998 年汤逊湖水体面积减少幅度最大,汤逊湖一些水域逐渐被开发为农田、鱼塘等农用地;2003～2017 年,由于建筑用地的大量扩张,汤逊湖部分湖岸线被裁弯取直,湖泊水面被严重挤占。

(2)目前汤逊湖水系内所有湖泊均未达到水质管理目标的要求,总体上差 1～2 级。TN 和 TP 质量浓度超标严重,是汤逊湖湖泊群水体污染的主要污染物。从水质时间序列变化趋势来看,2000～2018 年 TN 和 TP 质量浓度均呈现显著上升的趋势,TN、TP 平均质量浓度平均每年增加分别为 0.116 mg/L、0.006 mg/L。从空间分布情况来看,2018 年外汤逊湖的 TN 和 TP 质量浓度相比内汤逊湖均较高,外汤逊湖整体污染较为严重,内汤工业园(S5)和内汤观音像(S6)这两个分区的水质相对较好。

(3)根据研究区域 Landsat 遥感影像数据,基于归一化植被指数和浮藻指数分别建立了汤逊湖水生植被遥感反演模型,利用水生植被实际监测结果,对两种方法进行敏感性分析,研究表明 FAI 比 NDVI 更稳定,对 FAI 模型不同阈值的反演结果进行精度评价,确定了 -0.010 作为汤逊湖水生植被和水体的分类阈值,并验证了该方法的准确性。

(4)根据浮藻指数法,提取得到汤逊湖的水生植被分布情况,汤逊湖水生植被覆盖度变化范围为 9%～27%,主要分布在湖泊边界、东北部和西南部湖汊地区。从年内变化情况来看,水生植被分布区域存在明显的季节特征,在春季和冬季,汤逊湖水生植被覆盖度较小,仅东北部地区有少量水生植物;夏季和秋季,水生植被覆盖度较大,分布较多。从 1990～2017 年水生植被年际变化情况来看,这 28 年来汤逊湖水生植被覆盖度呈现减小的趋势,水生植被面积平均每年减少为 0.17 km^2。2000 年水生植被覆盖度最大,为 26.84%,2000～2004 年水生植被覆盖度逐渐下降到 9.39%,随后水生植被覆盖度有所上升,2017 年水生植被覆盖度为 13.49%。

第3章 城市洪涝模型及湖泊分期调度水位研究

3.1 研究方法

3.1.1 基本原理

1. 基本概念

湖泊的防洪排涝水位就是汛期的起排水位，类似于水库的汛限水位，是湖泊防洪与兴利的结合点。目前大多数浅水湖泊现行的调度规程，往往要求汛期按照较低的水位运行，以便腾空湖容时刻准备着迎接设计标准洪水的到来，确保区域防洪排涝的安全。这种保守的运行方式着眼于小概率事件的防洪效益，导致湖泊汛后常常无水可蓄，进而影响了其灌溉供水等其他功能的有效发挥。在湖泊实际调度运行中为了避免以上矛盾，管理单位常常并没完全执行调度规程，在起排水位及起排时间上存在任意性，导致防洪风险增加。

为了解决安全和兴利之间的矛盾，确定好湖泊防洪排涝水位就十分重要。湖泊起排水位的计算原理和方法可借鉴水库的汛限水位，目前确定汛限水位的常用方法是，在实测序列中每年选一个最大值（不管发生在何时），根据该最大值序列进行频率分析推求设计暴雨，再经过产汇流、调洪计算推求汛限水位，以此作为整个汛期的起排水位。该方法的基本假定是同一暴雨在汛期任一时段发生的概率相同。事实上，暴雨是由气候条件所决定的，在汛期不同时段同一量级暴雨发生的频率显著不同，越靠近主汛期，发生的频率最大。

因此，可根据暴雨发生频率，将汛期划分为多个阶段，根据不同阶段的设计暴雨确定其相应时间的防洪限制水位，在安全的前提下，尽可能多地实现湖泊灌溉、供水等其他功能。

2. 计算思路

防洪排涝水位的计算思路为：①合理确定湖泊汛期及其分期；②建立湖泊洪

涝模型，模拟入湖洪水过程；③在现行最低起排水位与设防水位之间进行等步长离散，形成多个水位调控方案；④模拟不同调控方案下湖泊水位变化过程，优选出最安全、经济的方案。

因此，在确定湖泊防洪排涝水位过程中，所涉及的关键技术包括：①湖泊汛期的合理划分；②城市洪涝模型的建立和入湖洪水过程的推求。

3.1.2　湖泊汛期分期划分

暴雨洪水的季节性变化规律十分复杂，应从多种途径来研究这种季节性变化规律，然后通过多种途径分析结果的相互比对，最终为汛期的合理分期提供更为科学、合理的依据。本小节主要采用成因分析法和数理统计法来进行汛期分期划分。成因分析法是从形成洪水的暴雨天气系统及大气环流演变特征入手，通过对流域水文、气象因素季节性变化规律的分析，选取流域某一量级暴雨量、防护断面洪峰、河道水位高度、入库洪峰等指标，分析其在一年内的变化规律，寻求其与天气系统、大气环流之间的相关密切程度，以突变点作为汛期分期的划分点；数理统计法是利用实测历史流量雨量资料，选择统计指标，分析指标在年内或汛期的变化规律，最后通过数理统计理论得出汛期的变化规律。

3.1.3　城市洪涝模型

城市流域与天然流域相比，排水系统由原来的地表沟渠、河流湖泊变为复杂的地下管网，加之复杂多样的下垫面特征，使得城市洪水模拟远比流域洪水模拟要复杂且困难。为反映城市复杂下垫面和地下管网对洪水演进的影响，本书采用目前应用较为广泛的 Mike Urban 模型对城市内涝和入湖洪水过程进行模拟。

Mike Urban 是丹麦 DHI Water & Environment & Health 独立开发研制，它可以和二维模型 MIKE21 整合，是一个动态耦合的模型系统。该模型可以同时模拟排水管网、明渠，泵站等，由雨水井承担接收地面降雨。排水管道中水的排出可通过泵、闸等来实现，城市内河、湖泊、坑塘、明沟等可接纳泵站和闸门等设施排出的水。该模型将排水泵站、闸门、排水管道等概化在相应的通道上，在降雨过程中，地面积水汇集于管道，管道沿管网系统汇合至出口处，出口处再由泵站或闸门向河道内泄水，这样便形成一个完整的排水系统。

利用 Mike Urban 建立城市排水管网系统的动态模型，包括降雨径流模型和管网水力学模型。降雨径流模型由降雨模拟和集水区汇流过程模拟两部分组成。管网水力学模型是雨水汇入管道后对水流流态和水质等的模拟。降雨径流模型的计算结果可作为管网水力模型的上游边界条件。管网水力模型可以有效地模拟雨污水管道流动。

1. 降雨径流模型的建立

Mike Urban 软件共提供了四种常用的径流计算方法：时间-面积曲线模型、动力波模型-非线性水库、线性水库模型、单位水文过程线模型（Artina et al.，2007）。但通常情况下，地表径流模型选用时间-面积曲线模型，即 T-A 曲线模型。该方法的特点在于：①该法适用于高度城市化地区；②该法对原始数据需求较低；③该法计算原理简单，参数定义明确。由于本书数据资料较为缺乏，本书采用最为简单的时间-面积曲线模型进行地表径流计算。

选用时间-面积曲线就决定了径流的计算路径，该方法采用时间步长 Δt 对径流过程进行离散化，根据地表概化的子汇水区形状自动选择对应的时间-面积曲线。

$$\begin{cases} A=1-(1-T)^{\frac{1}{a}}, & 0<a<1 \\ A=T^a, & 1\leqslant a \end{cases} \tag{3.1.1}$$

式中：A 为集水面积；T 为集水时间，量纲为一；a 为时间-面积曲线系数。

模型中常用的时间-面积曲线包括矩形（$a=1$）、发散形（$a=0.5$）、收敛形（$a=2$）等，模型会根据子汇水区形状选取相应的时间-面积曲线。

2. 城市管网水力模型的建立

Mike Urban 管流模块能够较为准确、客观地描述管网内的各种要素及水流流态，如：横截面形状、检查井、水流调节构件、检查井及集水区的各种水头损失。首先，将管网系统的各种构成要素进行抽象化处理，分别将管段等抽象为线，检查井等抽象成点，再把这些线和点组成结构图。管网信息复杂而繁多，包括：管网拓扑结构数据，如管段、泵、阀门、检查井等；边界条件数据，如降雨数据和排水口水位信息，各个地区土地用途及泵站服务区和排水管网的服务区。

在 Mike Urban 中将管流看作一维模型，一维排水管网模型基于流体为不可压缩、均质流体；坡降小、纵断面变化弧度小；符合静水压力假设三个假定条件。采用 6 点 Abbott-Ionescu 有限差分格式对圣维南方程组进行求解，圣维南方程组是反映有关物理定律的微分方程，包括连续性方程和能量方程（或动量方程），如下式所示：

$$\begin{cases} \dfrac{\delta A}{\delta t} + \dfrac{\delta Q}{\delta x} = 0 \\[2mm] \dfrac{1}{gA}\dfrac{\delta Q}{\delta t} + \dfrac{Q}{gA}\dfrac{\delta}{\delta x}\left(\dfrac{Q}{A}\right) + \dfrac{\delta h}{\delta x} = S_0 - S_f \end{cases} \quad (3.1.2)$$

式中：A 为过水断面面积，m^2；Q 为管流流量，m^3/s；t 为时间坐标，s；x 为管道堰水流方向长度，m；g 为重力加速度，m/s^2；h 为管道水深，m；S_0 为河底比降；S_f 为摩阻比降。

地面径流通过径流计算方程演算到邻近的检查井，然后再通过地下管网汇流；而地表径流和地下管网之间的交换比较复杂，当降雨较小时，地表径流通过雨水口流入排水地下管网，但当降雨较大时，地表排水不够及时或者地下管网排水能力不足也会导致地下管网中的水流从雨水口或检查井溢出而形成地表径流的情况。

3.2　研究区域降雨特性

强降雨过程是导致地区洪涝灾害的直接因素，其分布特征及其演变直接反映了水文循环的特性，以及影响到洪涝的概率及后果（徐奎，2014）。本书选取距离研究区域较近的武汉站对区域内降雨变化特征进行分析，数据包括武汉站 1960～2016 年逐日降雨数据（数据来源于中国气象数据网），研究方法选取线性回归分析方法和 M-K 检验法对降雨序列进行趋势分析。

3.2.1　降雨总体特性

本节选取年降雨量、年降雨天数和各月多年平均降雨量等指标对研究区域降雨总体特征进行分析。

1. 年降雨量和降雨天数

对武汉站 1960～2016 年日降雨数据进行统计分析,年降雨量和降雨天数分别如图 3.2.1 和图 3.2.2 所示,研究区域内雨量充沛,多年平均年降雨量为 1 260 mm,年平均降雨天数为 130 d,最大年降雨量为 1 894.9 mm（1983 年）,最小年降雨量为 730.4 mm（1966 年）。可以看出，年降雨量呈现增长的趋势，而年降雨天数呈现减少的趋势，说明单场降雨事件日降雨量在增加，极端降雨事件呈现增加的趋势。

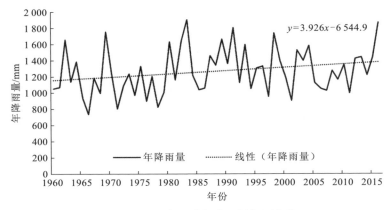

图 3.2.1　研究区域年降雨量年际变化

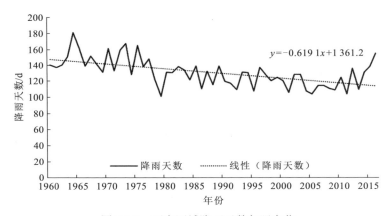

图 3.2.2　研究区域降雨天数年际变化

2. 月降雨量

　　1960~2016 年月平均降雨统计值如图 3.2.3 所示。可以看出，该地区年内逐月降雨量变化较大，降雨主要集中在 4~8 月，约占全年降雨量的 65.28%，汛期（5~10 月）降雨量占全年的 66.91%，多年月平均最大降雨发生在 6 月，约为 210.26 mm；12 月和 1 月份降雨最少。降雨季节性变化明显，春季（3~5 月）降雨占全年总降雨量的 30.47%，夏季（6~8 月）降雨较多，占全年总降雨量的 42.23%，秋季（9~11 月）降雨占全年总降雨量的 16.94%，从秋季开始降雨量逐渐减少，冬季（12 月~次年 2 月）降雨量占全年约 10.36%。

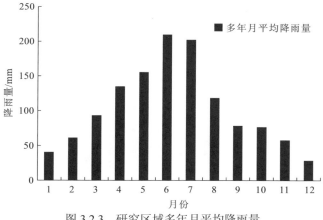

图 3.2.3　研究区域多年月平均降雨量

3.2.2　暴雨和极端降雨特性

1. 暴雨趋势分析

我国气象部门规定，日降雨量大于 50 mm 称为暴雨。研究区域 1960～2016 年暴雨天数年际变化和月变化过程分别如图 3.2.4 和图 3.2.5 所示，多年平均暴雨天数为 4.5 d，最大年暴雨天数为 12 d（1991 年），最小年暴雨天数为 1 d，年暴雨天数呈现增加的趋势。暴雨主要集中在 4～10 月，其中，6 月和 7 月累积暴雨天数分别为 67 d 和 71 d，分别占全年暴雨天数的 25.9%和 27.4%，说明 6～7 月发生暴雨的可能性较大，占到全年发生暴雨概率的一半多，防洪排涝压力也较大。

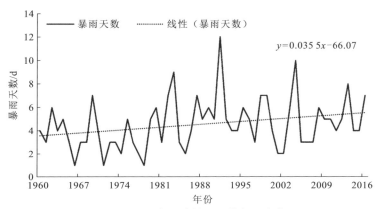

图 3.2.4　研究区域暴雨天数年际变化

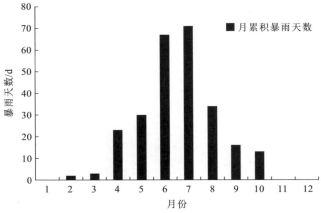

图 3.2.5　研究区域月累积暴雨天数

2. 极端降雨趋势分析

极端降雨往往是引发洪涝灾害的直接原因，因此分析极端降雨的特性和演变规律，可为城市防洪排涝提供科学依据。选取年最大 1 日降雨量、年最大 3 日降雨量、年最大 5 日降雨量、年最大 7 日降雨量、年最大 15 日降雨量等 5 种极端降雨指标进行极端降雨特性分析。根据 1960～2016 年日降雨序列提取极端降雨指标，如图 3.2.6 所示，采用线性回归分析方法分析其演变趋势。可以看出，年最大 1 日降雨量、最大 3 日降雨量、最大 5 日降雨量、最大 7 日降雨量及最大 15 日降雨量均呈现增长的趋势。

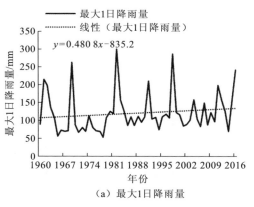

（a）最大1日降雨量

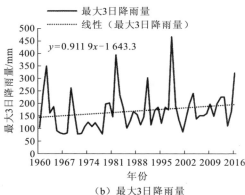

（b）最大3日降雨量

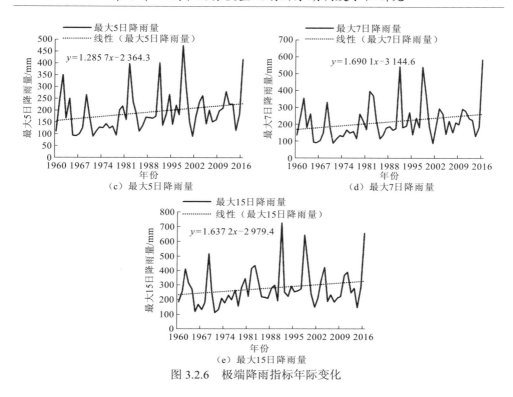

图 3.2.6　极端降雨指标年际变化

3.3　基于 Mike Urban 的城市洪涝模型

3.3.1　模型基础数据

模型构建所需资料包括：降雨数据、数字高程模型（digital elevation model，DEM）数据、下垫面数据、排水管网数据等，见表 3.3.1。

表 3.3.1　模型数据需求

类别	数据名称	详细内容	用途
基础数据	下垫面数据	土地利用类型	分析汇水区不透水比例、洼地蓄积量等参数
	数字高程模型数据	地表高程信息	用于区域地形参考、划分集水区，提取集水区坡度等属性
	排水管网数据	节点（检查井、雨水口、泵站、调蓄池等）、管线（排水管、排水渠）的现场测绘数据	构建管网拓扑关系、建立排水过程的产汇流关系模型
气象数据	降雨数据	降雨强度、降雨量、降雨历时	用于确定模型的降雨过程曲线

3.3.2　汇水区概化

基于 DEM 数据，利用 GIS 水文分析工具进行洼地填充、流域水流方向提取、汇流累积量计算、河网生成、子流域划分等，可实现对流域天然汇水区、水系和子流域的水文特征提取。在天然汇水区的基础上，根据实际建筑物、道路、地下管网的分布情况，对其进行人为调整，得到最终的研究区域汇水区范围，如图 3.3.1 所示。

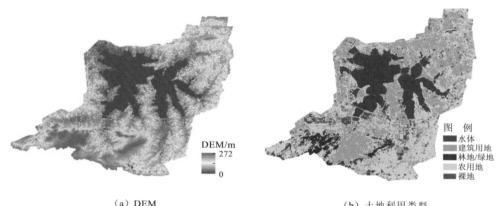

（a）DEM　　　　　　　　　　　　　（b）土地利用类型

图 3.3.1　研究区域 DEM 及土地利用类型图

研究区域区内下垫面根据 2018 年 Landsat 8 OLI 遥感影像分为建筑用地、林地/绿地、农用地、水体和裸地五类（图 3.3.1），具体方法见 2.1 节。子汇水区的不透水率可通过子汇水区内的土地利用类型比例获得。不同土地利用类型的不透水率取值参考相关文献，将建筑用地、林地/绿地、农用地、水体、裸地和其他土地利用类型分别取为 85%、14%、10%、0%、11% 和 60%，集水区的不透水率计算公式为

$$P = \frac{\sum_{i=0}^{n} P_i A_i}{\sum_{i=0}^{n} A_i} \qquad (3.3.1)$$

式中：P 为集水区的不透水率，%；P_i 为不同土地利用类型的不透水率，%；A_i 为不同土地利用类型的占地面积，m^2。

管网概化需要提取城市排水管网的空间分布特征和管道的埋深、长度、管径等属性数据，把研究区域内雨水排除系统的雨水井假设为节点，节点个数为 899

个，排水出口个数为 17 个，管道为 969 段。其中汤逊湖南部部分地区尚未建立完备的雨水排水系统，因此，在进行汇水区概化时，将该地区雨水排入周边明渠，经明渠最终汇入湖泊。通过 GIS 的拓扑关系和空间分析得到与管网对应的管网节点和汇水区信息，根据泰森多边形将汇水区自动划分为 896 个子集水区，划分好之后将每一个小的子集水区连接到最近的集水井，最终得到模型的输入文件。

使用项目检查工具对管网拓扑结构和集水区连接情况进行检查，并根据检查结果进行逐一修改，确保模型的正确性和稳定性。节点、管网和子汇水区的概化结果如图 3.3.2 所示。

图 3.3.2　研究区域排水系统概化图

3.3.3　模型参数率定与验证

模型参数的选择首先参考相关文献、模型用户手册和实地监测值确定初值，然后根据历史监测数据进行率定和调整，使模型能够最真实地模拟实际情况，以便后续分析与应用。

1. 模型参数率定

由于研究区域实测资料较少，本书选取 2017 年 2 月 21 日和 2016 年 6 月 17 日～8 月 3 日的降雨径流过程，通过入湖流量过程对模型参数进行率定和验证，通过研究区域内溢流节点模拟结果，与实际调查监测结果进行对比，完成模型的校验过程。Mike Urban 模型参数包括总量控制参数和汇流控制参数，率定结果见表 3.3.2。

表 3.3.2　模型参数率定结果

参数		取值范围	率定值
总量控制参数	降雨初损/mm	0.5~1.5	0.6
	水文衰减系数	0.6~0.9	0.9
汇流控制参数	地表径流平均流速/（m/s）	0.25~0.30	0.3
	管道曼宁粗糙系数	0.009~0.017	0.013

2. 地表径流模拟

降雨数据选用研究区域内玉龙岛花园、华农大站、青菱站和江夏站的逐时实测数据，对汤逊湖地区 2017 年 2 月 21 日的一场暴雨（图 3.3.3）实测资料进行处理，得到模型边界条件，整个暴雨过程降雨量为 44 mm，降雨历时为 17 h，通过模拟得到各子汇水区在此次降雨过程中的径流系数，如图 3.3.4 所示。

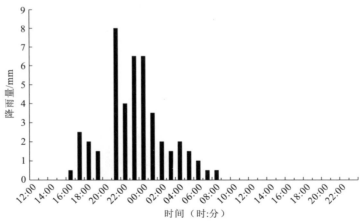

图 3.3.3　2017-02-21 场次暴雨图

将地表径流模拟结果加载到模型，进行管流水动力模拟，模拟得到出口总径流量为 3.79×10^6 m³，实测入湖总量为 3.68×10^6 m³，径流总量相对误差为 2.99%。流域出口和入湖总流量降雨-径流模拟过程线分别如图 3.3.5 和图 3.3.6 所示，流量峰现时间约为 1 h，溢流节点个数为 44 个。

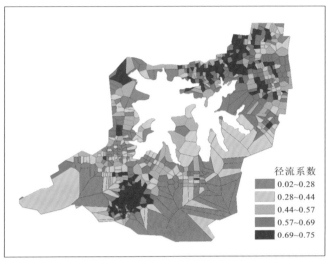

图 3.3.4　各子汇水区径流系数

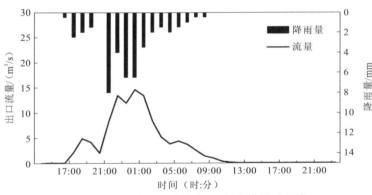

图 3.3.5　流域出口流量降雨-径流模拟过程线

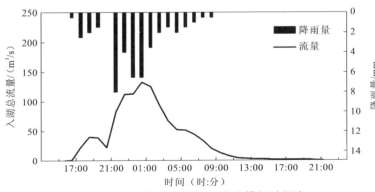

图 3.3.6　入湖总流量降雨-径流模拟过程线

为进一步验证模型的准确性，对研究区域 2016 年 6 月 17 日至 8 月 3 日的降雨-径流过程进行模拟，得到汤逊湖入湖总量过程如图 3.3.7 所示。从入湖总量模拟值和实测值对比图可以看出，模拟入湖总量和实测入湖总量过程线较为接近，峰值和峰现时间均吻合较好。模拟得到的汤逊湖入湖总量为 137.6×10^6 m³，与实测入湖总量相对误差为 4.4%，总体来说模拟效果较好。

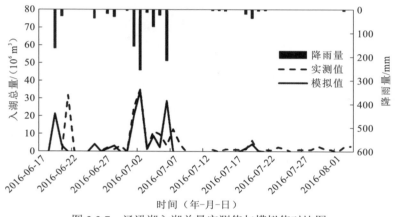

图 3.3.7　汤逊湖入湖总量实测值与模拟值对比图

3.4　区域水文效应分析

3.4.1　暴雨情景设置

本书选用重现期分别为 1 a、5 a、10 a 和 20 a 的 1 日设计暴雨进行模拟分析。根据《武汉市排水防涝系统规划设计标准》，武汉市 24 h 暴雨的暴雨强度分别为 95 mm、162 mm、205 mm 和 249 mm，武汉市 24 h 暴雨的暴雨雨型宜按表 3.4.1 进行分配，降雨过程如图 3.4.1 所示，暴雨重现期 P 为 1 a、5 a、10 a 和 20 a 时，峰值均出现在第 16 h，峰值降雨强度分别为 36.96 mm/h、63.02 mm/h、79.75 mm/h 和 96.86 mm/h。

表 3.4.1 武汉市 24 h 暴雨逐时雨量分配

项目	时间/h											
	1	2	3	4	5	6	7	8	9	10	11	12
比例/%	1.21	1.31	1.13	1.05	1.42	1.54	1.85	1.69	2.05	2.28	2.92	2.57

项目	时间/h											
	13	14	15	16	17	18	19	20	21	22	23	24
比例/%	5.21	6.22	11.26	38.90	7.88	4.53	0.91	0.85	0.80	0.98	0.74	0.70

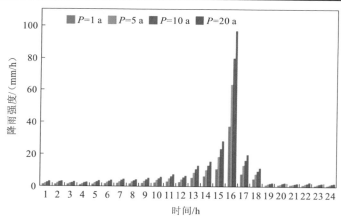

图 3.4.1 不同重现期降雨过程线

3.4.2 地表径流分析

模型降雨边界数据采用 4 种重现期的 24 h 降雨数据，模拟得到各子汇水区的地表径流结果，从典型子汇水区的径流深、降雨-径流过程对研究区域水文效应进行分析。

1. 径流深和径流系数分析

通过模拟计算得到，四种暴雨重现期情景下，重现期为 1 a、5 a、10 a 和 20 a 时，整个研究区域的径流累积量分别为 $8.06 \times 10^6 \text{ m}^3$、$13.83 \times 10^6 \text{ m}^3$、$17.51 \times 10^6 \text{ m}^3$ 和 $21.28 \times 10^6 \text{ m}^3$，各汇水区径流深如图 3.4.2 所示。可以看出，随着重现期的增大，径流累积量和径流深逐渐增大，综合径流系数有所增大，与土地利用类型图（图 3.3.1）对比可以看出，土地利用类型为林地和农用地的区域径流深和径流系数较小，建筑用地区域径流深和径流系数较大，且建筑物越密集的区域径流系数越大。

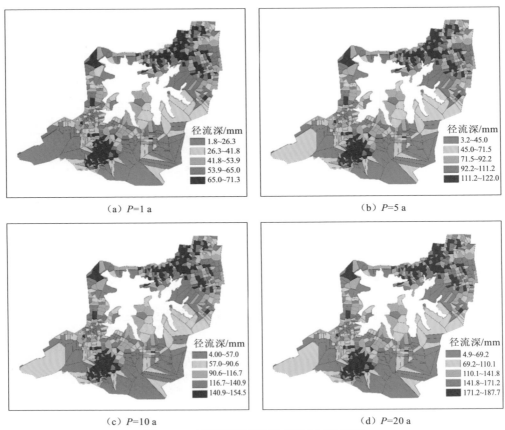

（a）$P=1$ a

（b）$P=5$ a

（c）$P=10$ a

（d）$P=20$ a

图 3.4.2 不同重现期情景下汇水区径流深

2. 降雨径流过程分析

以子汇水区面积最大和最小的 C_153 和 C_436 为典型汇水区，模拟得出不同重现期地表降雨-径流结果，如图 3.4.3 所示，可以看出，随着暴雨重现期或暴雨强度的增大，子汇水区的地表径流总量逐渐增大，峰值流量也随着增大。子汇水区 C_153 和 C_436 由于面积和下垫面差异较大，地表径流过程的差异也较大，面积较大的子汇水区 C_153 径流过程较为平滑，汇流时间较长，峰值时间出现在第18 h，面积较小的子汇水区 C_436 径流过程与降雨过程较为接近，汇流时间较短，峰值时间出现在第16 h。四种暴雨重现期情景下，C_153 和 C_436 径流系数分别约为 0.28 和 0.75，这与该汇水区的土地利用类型有关：C_153 主要以农用地为主，不透水率较小，因此径流系数较小；C_436 建筑用地占比较大，不透水率较大，因此径流系数也较大。

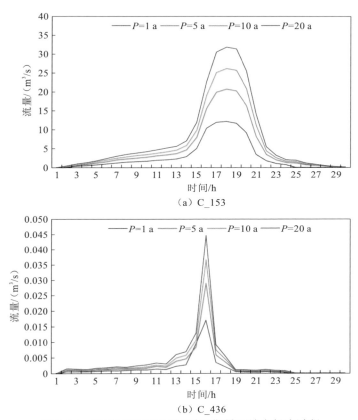

（a）C_153

（b）C_436

图 3.4.3　典型子汇水区不同重现期暴雨地表径流过程

3.4.3　管网排水能力分析

1. 节点溢流情况分析

节点溢流深度是指节点水位减去节点地面高程，当其大于 0 时，节点临近雨水不能及时排出，节点发生溢流，导致地面积水，当路面积水深度超过 0.15 m 时，车道可能因机动车熄火而完全中断。将不同暴雨情景模拟得到的径流结果输入模型，模拟得到研究区域内各节点最大溢流情况，如图 3.4.4 和表 3.4.2 所示。

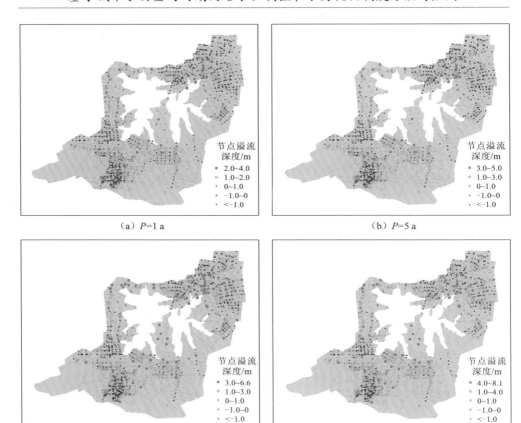

（a）P=1 a   （b）P=5 a

（c）P=10 a   （d）P=20 a

图 3.4.4　不同重现期暴雨节点溢流情况

表 3.4.2　不同重现期暴雨节点溢流情况

项目	P=1 a	P=5 a	P=10 a	P=20 a
溢流节点数	254	372	442	497
溢流比例/%	27.73	40.61	48.25	54.26

从不同暴雨情景溢流结果可以看出，随着暴雨重现期的增大，溢流节点数量和溢流比例均明显增大。研究区域内共有集水井 916 个，溢流节点多出现在支管与主干管的连接节点处，由于其需要汇集各支管的流量，因此连接节点处的负荷较大，易发生溢流。暴雨重现期为 1 a 时，研究区域内节点溢流比例为 27.73%，主要集中在内汤逊湖光谷金融港附近和外汤逊湖文化大道附近，大部分节点积水时间较短。暴雨重现期为 5 a 时，节点溢流数为 372 个，溢流比例增大到 40.61%。

当暴雨重现期为 20 a 时，节点溢流数量进一步增多，溢流比例增大到 54.26%，光谷金融港等地区发生严重的溢流，由管井溢出的水向道路沿线及周边区域扩散，会给城市交通带来严重不便。

2. 管道充满度情况分析

管道充满度 a 是水流在管渠中的充满程度，管道以水深与管径之比值表示，渠道以水深与设计最大水深之比表示。当 a 小于 1.0 时，管道处于明渠流状态；当 a 大于 1.0 时，管道处于满流状态，此时水流为有压流。综合考虑各管段峰值出现的时间，选定管道充满度最大时刻，对管道充满度进行统计和分级，如图 3.4.5 和表 3.4.3 所示。

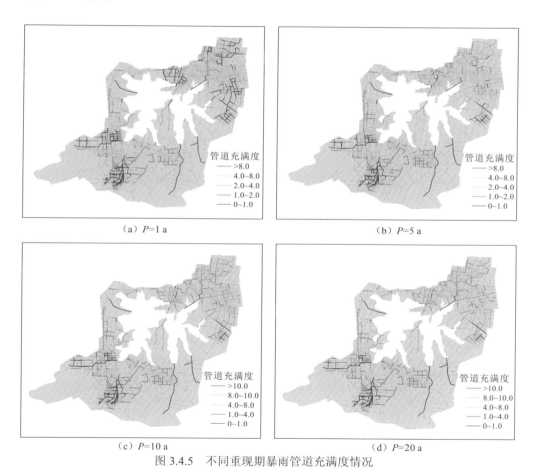

（a）$P=1$ a

（b）$P=5$ a

（c）$P=10$ a

（d）$P=20$ a

图 3.4.5　不同重现期暴雨管道充满度情况

表 3.4.3　不同重现期暴雨管道充满度情况

管道充满度	$P=1$ a	$P=5$ a	$P=10$ a	$P=20$ a
$a \leqslant 1$	411	245	211	197
$1 < a \leqslant 2$	163	123	85	75
$2 < a \leqslant 4$	204	225	210	203
$4 < a \leqslant 8$	92	208	256	244
$a > 8$	99	168	207	250

研究区域共计 969 个管段，当暴雨重现期为 1 a 时，满流管道占总管道数量比例为 57.6%，汤逊湖东北部和南部部分区域管道排水能力不足，出现不同程度的满流情况，其他大部分管段均未满流（图 3.4.5 中蓝色管道）。随着设计暴雨重现期的增大，管道负荷逐渐增大，满流管段随之增加，低负荷或明渠流管段减少，高负荷管段随之增加。当重现期为 5 a 和 10 a 时，满流管道显著增多，占总管道数量比例分别达到 74.7% 和 78.2%，汤逊湖东北部大部分管道为满流状态，说明该区域大部分管道为 1 年一遇设计标准（即承受 24 h 95 mm 的降雨量，或 1 h 36.96 mm 的降雨强度）。当重现期为 20 a 时，管道负荷持续增加，整个管网的排水能力不足，除汤逊湖南部部分管道外，其他管道均处于高负荷运行状态。

从研究结果可以看出，汤逊湖地区整体排水管设计标准偏低，外汤逊湖东北部地区和南部部分区域雨水管网系统建设年代较久远，设计标准相对来说很低，仅为 1 年一遇，当发生 5 年一遇的暴雨时，该区域管道处于满流状态，雨水井发生溢流。当发生 20 年一遇暴雨时，汤逊湖大部分区域雨水井发生严重溢流，说明汤逊湖地区雨水管网无法满足 20 a 重现期的排涝标准。

3.5　湖泊分期调度水位研究

3.5.1　汛期分期的划分

1. 暴雨洪涝成因分析

汛期分期的划分，既要考虑工程设计中不同季节对防洪安全和分期蓄水的要求，又要使分期基本符合暴雨和洪水的季节性变化及成因特点，汤逊湖流域洪涝主要由暴雨产生，因此，汤逊湖地区暴雨季节性变化特征是汛期分期的前提。从

3.2 节研究区域 1960～2016 年月平均降雨量和累积暴雨天数研究结果可以看出，该地区暴雨主要发生于 4～10 月，以 6～7 月降雨量最多，强度最大。

对汤逊湖地区不同月份极端降雨特征进行统计分析，以暴雨（50 mm≤日降雨量≤100 mm）发生天数、大暴雨（100 mm≤日降雨量≤250 mm）发生天数和特大暴雨（日降雨量≥250 mm）发生天数为指标，统计不同月份的发生频率，来确定汛期分期的划分点。月平均降雨量和不同量级暴雨发生天数见表 3.5.1。

表 3.5.1　月平均降雨量和不同量级暴雨发生天数

月份	月平均降雨		不同量级暴雨发生天数			
	降雨量/mm	比例/%	暴雨	大暴雨	特大暴雨	比例/%
1	40.49	3.2	0	0	0	0.0
2	62.14	5.0	2	0	0	0.8
3	93.79	7.5	3	0	0	1.1
4	134.61	10.8	22	1	0	8.8
5	156.97	12.6	23	7	0	11.5
6	207.55	16.6	50	16	1	25.7
7	194.08	15.5	52	19	1	27.6
8	117.98	9.4	28	5	1	13.0
9	80.01	6.4	13	3	0	6.1
10	75.91	6.1	14	0	0	5.4
11	57.73	4.6	0	0	0	0.0
12	28.10	2.3	0	0	0	0.0
合计	1 249.36	100.00	207	51	3	100.00

由表 3.5.1 可以看出，汤逊湖地区降雨主要集中于 4～9 月，6 月和 7 月降雨量分别占全年的 16.6% 和 15.5%，暴雨和大暴雨主要集中于 4～9 月，其他月份出现次数较少，特大暴雨在 6 月、7 月和 8 月各发生一次。从不同量级暴雨发生天数分配比例来看，1～3 月和 11～12 月暴雨发生天数较少，仅占全年的 1.9%，4～5 月和 8～9 月暴雨发生天数相对较多，分别占全年的 20.3% 和 19.1%，6 月和 7 月暴雨发生天数最多，且降雨强度较大，暴雨发生天数占全年的 53.3%，降雨量占全年的 32.1%。

进一步对汤逊湖所在区域汛期进行细分，依据研究区域 1960～2016 年实测降雨资料对 4～10 月极端暴雨特征进行分析，旬最大 1 日、3 日、5 日、7 日和 15 日降雨量结果如图 3.5.1 所示，7 日和 15 日降雨量散点分布图和箱体图分别如图 3.5.2 和图 3.5.3 所示。可以看出，4 月和 10 月最大 1 日降雨量均小于 100 mm，该时段出现暴雨的概率（P）较小，以形成灾害性洪水的连续 7 日和 15 日降雨来看，4～10 月连续 7 日和 15 日降雨量均值呈现先增加后减少的趋势，超过年最大 7 日和 15 日降雨量均值的月份主要集中在 6～8 月，最大 7 日和 15 日降雨量分别为 582.3 mm 和720.3 mm，均发生于 7 月，6～8 月最大连续 7 日和 15 日降雨量明显高于其他月份。

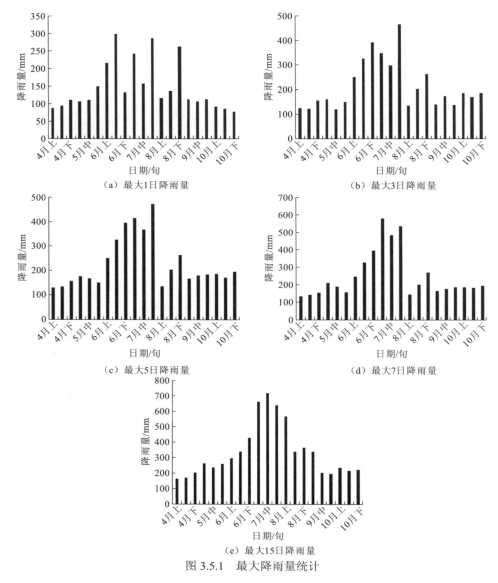

图 3.5.1　最大降雨量统计

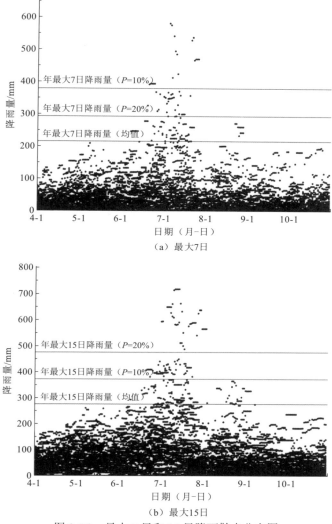

图 3.5.2 最大 7 日和 15 日降雨散点分布图

2. 降雨量变化相对系数分析

为定量界定主汛期的起止日期，我国气象部门定义了反映旬降雨量变化的相对系数（邹鹰 等，2006；包澄澜和王德瀚，1981）为度量指标：

$$C_R = R / \overline{R} \tag{3.5.1}$$

式中：C_R 为反映旬降雨量变化的相对系数；R 为年内某旬的多年平均降雨量；$\overline{R}$ 为年内平均每旬降雨量。

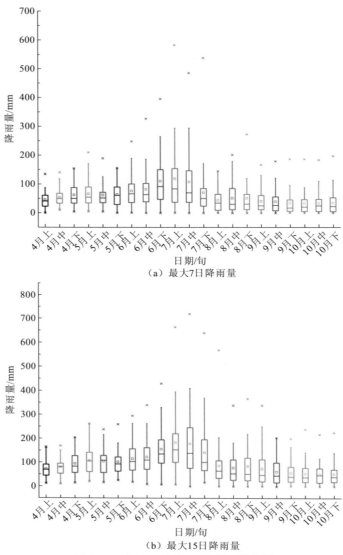

（a）最大7日降雨量

（b）最大15日降雨量

图 3.5.3　最大 7 日和 15 日降雨箱体图

　　当站点连续 2 旬及以上的时段内 $C_R \geq 1.5$ 时，称为汛期。若某个站点有两个汛期，则将出现旬降雨量最大峰值的那个时段称为主汛期。

　　根据上述定义，统计汤逊湖所在区域 4～10 月降雨量变化相对系数，计算结果见表 3.5.2。可以看出，根据最大 1 日、3 日、5 日、7 日和 15 日降雨量得到的汛期时间不一，最早开始于 5 月下旬（5 月 21 日），最晚结束于 7 月下旬（7 月

31 日），以可致灾的 7 日和 15 日降雨量进行划分，确定汤逊湖流域主汛期起止时间为 6 月 1 日至 7 月 31 日。根据降雨量变化相对系数表 3.5.2 也可以看出，6 月 21 日至 7 月 20 日相对系数明显大于其他各旬，这也充分表明该时段降雨量特别集中，洪涝灾害发生概率较大。

表 3.5.2　汤逊湖旬降雨量变化相对系数

日期	最大 1 日降雨量	最大 3 日降雨量	最大 5 日降雨量	最大 7 日降雨量	最大 15 日降雨量
4 月 1～10 日	1.11	1.05	1.05	1.03	1.01
4 月 11～20 日	1.29	1.26	1.22	1.19	1.14
4 月 21～30 日	1.53	1.51	1.49	1.49	1.36
5 月 1～10 日	1.53	1.57	1.57	1.57	1.54
5 月 11～20 日	1.40	1.42	1.48	1.49	1.52
5 月 21～31 日	1.59	1.53	1.48	1.45	1.49
6 月 1～10 日	1.82	1.80	1.70	1.65	1.53
6 月 11～20 日	1.70	1.59	1.62	1.67	1.69
6 月 21～30 日	2.60	2.69	2.67	2.55	2.12
7 月 1～10 日	2.51	2.53	2.53	2.54	2.59
7 月 11～20 日	2.16	2.19	2.26	2.33	2.47
7 月 21～31 日	1.23	1.34	1.45	1.57	2.00
8 月 1～10 日	1.11	1.03	0.97	0.92	1.00
8 月 11～20 日	1.15	1.17	1.22	1.26	1.15
8 月 21～31 日	1.19	1.26	1.25	1.26	1.28
9 月 1～10 日	0.91	0.86	0.85	0.85	0.98
9 月 11～20 日	0.79	0.80	0.80	0.81	0.84
9 月 21～30 日	0.59	0.58	0.61	0.63	0.70
10 月 1～10 日	0.71	0.76	0.79	0.77	0.70
10 月 11～20 日	0.71	0.67	0.65	0.67	0.72
10 月 21～31 日	0.82	0.84	0.83	0.84	0.79

综上所述，由此确定汤逊湖流域 4 月 21 日至 5 月 31 日为前汛期，6 月 1 日至 7 月 31 日为主汛期，8 月 1 日至 9 月 30 日为后汛期。

3.5.2 分期设计暴雨的确定

1. 设计暴雨推求

根据武汉站实测 1960～2016 年最大 1 日、3 日、5 日、7 日、15 日降雨资料系列进行频率计算，本次收集资料系列为 57 年，达到了 30 年的要求，且降雨系列中包含了 1969 年、1982 年、1998 年、2016 年等特大暴雨年份，代表性较好，可以据此进行设计暴雨分析。

用矩法计算降雨系列的均值作为初估值，频率分析计算结果采用 P-III 型理论频率曲线，运用经验适线法，适线时重点考虑大雨量点据，由此确定最大 1 日、3 日、5 日、7 日、15 日点设计暴雨统计参数。

设计面暴雨量采用点面系数法计算得到。本次还收集到汤逊湖水系内华农大站、青菱站和江夏站 3 个雨量站 2016 年实测暴雨资料，根据各站实测降雨资料计算最大 1 日、3 日、5 日、7 日、15 日降雨点面折减系数，根据点面折减系数计算汤逊湖所在区域各历时暴雨面雨量值，成果如表 3.5.3 所示，部分频率曲线图如图 3.5.4 所示。

表 3.5.3　汤逊湖设计面暴雨量

时段	分期	设计频率/%					
		1	2	3.33	5	10	20
最大 1 日	不分期/mm	346.02	303.69	272.99	247.41	204.49	161.07
	前汛期/mm	145.23	129.06	116.93	107.07	89.74	71.46
	主汛期/mm	342.37	297.56	264.63	238.40	193.72	149.15
	后汛期/mm	263.88	223.62	194.15	170.77	131.19	92.19
最大 3 日	不分期/mm	505.13	440.84	393.53	355.79	291.38	226.86
	前汛期/mm	194.64	172.80	156.40	143.06	119.62	94.86
	主汛期/mm	500.91	436.30	388.60	350.42	284.93	218.71
	后汛期/mm	275.59	242.15	217.06	196.69	160.92	123.23
最大 5 日	不分期/mm	544.09	477.72	428.74	389.55	322.37	254.49
	前汛期/mm	217.86	194.50	176.93	162.62	137.38	110.59

续表

时段	分期	设计频率/%					
		1	2	3.33	5	10	20
最大 5 日	主汛期/mm	541.20	474.72	425.43	385.83	317.44	247.46
	后汛期/mm	298.62	263.32	236.78	215.20	177.20	136.96
最大 7 日	不分期/mm	659.78	575.50	513.37	463.72	378.75	293.20
	前汛期/mm	248.64	222.72	203.17	187.20	158.95	128.75
	主汛期/mm	655.22	572.30	510.85	461.49	376.33	289.31
	后汛期/mm	305.73	271.22	245.20	223.97	186.43	146.38
最大 15 日	不分期/mm	806.84	707.75	634.50	575.80	474.92	372.55
	前汛期/mm	291.67	269.02	251.44	236.71	209.64	178.88
	主汛期/mm	800.57	700.92	627.15	567.98	466.07	362.29
	后汛期/mm	474.42	418.82	377.02	342.99	283.03	219.45

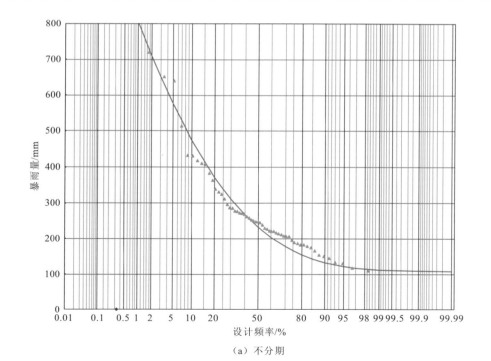

（a）不分期

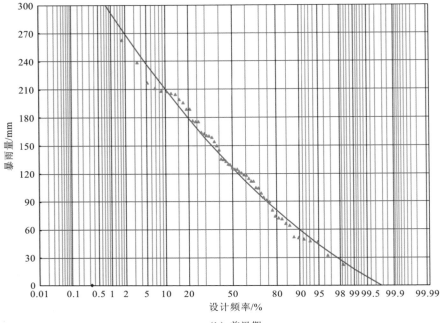

（b）前汛期

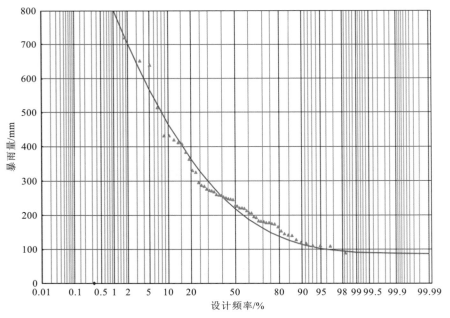

（c）主汛期

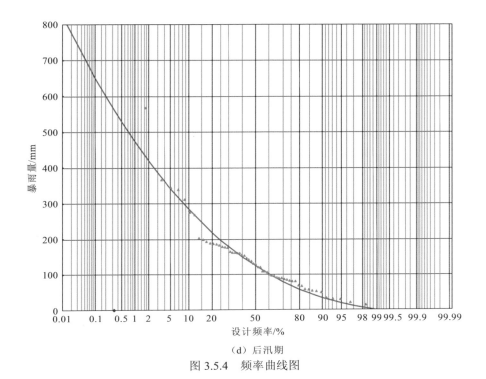

（d）后汛期

图 3.5.4　频率曲线图

　　根据设计暴雨理论，分期设计暴雨应小于同频率的年设计暴雨，从表 3.5.3 可以看出，最大 1 日、3 日、5 日、7 日、15 日不同频率的设计暴雨均符合这一规律，其中主汛期设计暴雨与不分期设计暴雨相比相差不大，前汛期和后汛期设计暴雨量均明显小于不分期情况下的设计暴雨。

2. 雨型设计

　　设计雨型可通过两种方法确定：一是地区综合雨型；二是流域典型暴雨雨型。本次采用流域典型暴雨雨型确定。

1）前汛期

　　根据统计资料，汤逊湖流域前汛期的发生较大暴雨的年份主要有 1977 年、1988 年、1985 年、2008 年等，见表 3.5.4，通过对这几场较大暴雨进行分析和比较，选取较为典型的 1977 年 4～5 月雨型作为流域设计雨型，分 3 日、5 日、7 日和 15 日段内包，见表 3.5.5。

表 3.5.4　前汛期典型年最大 15 日暴雨

序号	15 日暴雨量/mm	发生年份	序号	15 日暴雨量/mm	发生年份
1	262.5	1977	4	211.2	2008
2	238.6	1988	5	208.3	1963
3	216.8	1985	6	207.4	1973

表 3.5.5　前汛期典型雨型分布（"1977.4"型）

月	日	降雨量/mm	3 日分配/%	3～5 日分配/%	5～7 日分配/%	7～15 日分配/%
4	24	7.1	—	—	—	6.8
4	25	0	—	—	—	0
4	26	64.5	65.1	—	—	—
4	27	34.6	34.9	—	—	—
4	28	0	0	—	—	—
4	29	1.3	—	4.0	—	—
4	30	30.9	—	96.0	—	—
5	1	22.5	—	—	86.2	—
5	2	3.6	—	—	13.8	—
5	3	19.7	—	—	—	18.7
5	4	23.0	—	—	—	21.9
5	5	0.5	—	—	—	0.5
5	6	21.4	—	—	—	20.4
5	7	0.3	—	—	—	0.3
5	8	33.1	—	—	—	31.5

2）主汛期

　　在 1960～2016 年 57 年实测系列中，位列主汛期前 6 位的 15 日暴雨量及发生时间见表 3.5.6。可以看出，相比于前汛期，主汛期暴雨发生年份有所差异，暴雨量明显增大。经综合分析，以 2016 年暴雨雨型较为不利，因此主汛期选取"2016.6"雨型进行下一步分析，雨型分配见表 3.5.7。

表 3.5.6　主汛期典型年最大 15 日暴雨

序号	15 日暴雨量/mm	发生年份	序号	15 日暴雨量/mm	发生年份
1	720.3	1991	4	513.9	1969
2	684.6	2016	5	432.3	1999
3	639.6	1998	6	431.0	1983

表 3.5.7　主汛期典型雨型分布（"2016.6"型）

月	日	降雨量/mm	3 日分配/%	3~5 日分配/%	5~7 日分配/%	7~15 日分配/%
6	24	0.4	—	—	—	0.7
6	25	18.1	—	—	—	30.6
6	26	2.8	—	—	—	4.7
6	27	14.5	—	—	—	24.5
6	28	23.2	—	—	—	39.3
6	29	0	—	—	—	0
6	30	32.1	—	—	23.4	—
7	1	104.9	—	—	76.6	—
7	2	169.8	—	95.7	—	—
7	3	7.7	—	4.3	—	—
7	4	12.3	4.0	—	—	—
7	5	45.6	14.7	—	—	—
7	6	253.1	81.4	—	—	—
7	7	0.1	—	—	—	0.2
7	8	0	—	—	—	0

3）后汛期

根据 57 年统计资料，汤逊湖流域后汛期的发生较大暴雨的年份主要有 1969 年、1962 年、1980 年、1963 年等，见表 3.5.8，通过对这几场较大暴雨进行分析和比较，选取较为典型的 1980 年 8 月雨型作为流域设计雨型，分 3 日、5 日、7 日和 15 日段内包，见表 3.5.9。

表 3.5.8 后汛期典型年最大 15 日暴雨

序号	15 日暴雨量/mm	发生年份	序号	15 日暴雨量/mm	发生年份
1	366.8	1969	4	311.5	1963
2	345.0	1962	5	276.2	1988
3	339.5	1980	6	268.8	2004

表 3.5.9 后汛期典型雨型分布（"1980.8"型）

月	日	降雨量/mm	3 日分配/%	3～5 日分配/%	5～7 日分配/%	7～15 日分配/%
8	1	103.1	—	—	—	77.9
8	2	25.1	—	—	—	19.0
8	3	0	—	—	—	0
8	4	1.5	—	—	—	1.1
8	5	2.7	—	—	—	2.0
8	6	0	—	—	—	0
8	7	0	—	—	—	0
8	8	0	—	—	—	0
8	9	0	—	—	0	—
8	10	13.2	61.5	—	—	—
8	11	64.4	0	—	—	—
8	12	124.2	0.1	—	—	—
8	13	0	—	0	—	—
8	14	0.3	—	100.0	—	0
8	15	0	—	—	0	0.5

3.5.3 入湖洪水模拟

1. 湖泊现行的水系调度原则

（1）在非汛期，汤逊湖水位高于长江，雨水由巡司河经解放闸自排出江，或由青菱河经陈家山闸自排出江。

（2）在汛期，长江的水位高于汤逊湖水系的出口水位，此时关闭陈家山闸和解放闸，防止长江水流倒灌，开启汤逊湖泵站，将汤逊湖水系的调蓄雨水抽排入长江。

（3）在汛前，将各调蓄湖泊的水位降至汛前控制水位，以预留调蓄容积迎接暴雨。

（4）在暴雨期间，尽量控制湖泊水位在规划最高控制水位以内，汤逊湖最高控制水位为 18.65 m。

（5）汤逊湖起排水位为 19.50 m（吴淞高程），正常水位 17.65 m（黄海高程，下同），规划最高水位 18.65 m。

2. 模型计算资料及条件

根据汤逊湖水下地形监测数据，可得到湖泊水位-面积曲线和水位-蓄水量曲线如图 3.5.5 所示。根据 2016 年汤逊湖实测水位资料（图 3.5.6），从湖泊的涨水历时看，成灾暴雨历时在 7～15 d，因此，本书主要分析设计暴雨历时为 15 d，计算时段为 1 h。

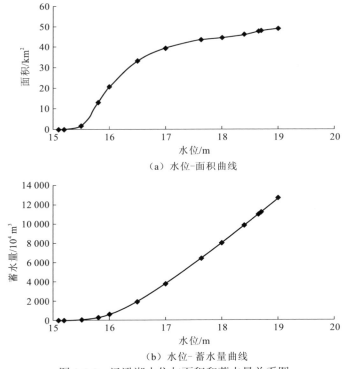

（a）水位-面积曲线

（b）水位-蓄水量曲线

图 3.5.5　汤逊湖水位与面积和蓄水量关系图

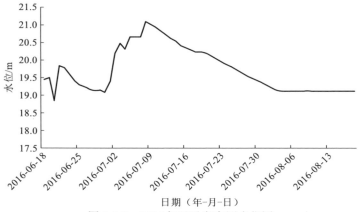

图 3.5.6　2016 年汤逊湖实测水位图

3. 研究方案

对于本次研究实例，具体的研究方案是根据湖泊汛期调度水位控制方案与不同重现期暴雨的组合。根据现行调度规程，汤逊湖起调水位在 18.0～19.0 m 以步长为 0.2 m 进行设定，汤逊湖泵站的提排能力按现状提排能力进行计算，结合湖泊多年的运行情况及堤防现状，选取 20 年一遇和 50 年一遇设计暴雨，分别组合不同起调水位进行模拟和分析，由此设定 18 种研究方案，见表 3.5.10。

表 3.5.10　研究方案表

重现期	主汛期		前汛期		后汛期	
	方案	起调水位/m	方案	起调水位/m	方案	起调水位/m
20 年一遇	方案 A1	18.2	方案 B1	18.6	方案 C1	18.6
	方案 A2	18.4	方案 B2	18.8	方案 C2	18.8
	方案 A3	18.6	方案 B3	19.0	方案 C3	19.0
50 年一遇	方案 A4	18.0	方案 B4	18.6	方案 C4	18.4
	方案 A5	18.2	方案 B5	18.8	方案 C5	18.6
	方案 A6	18.4	方案 B6	19.0	方案 C6	18.8

4. 不同方案湖泊入湖水量模拟

根据 3.5.2 节构建的洪涝模型，通过设定不同设计暴雨边界条件，可模拟得到湖泊入湖流量过程。

1）主汛期

主汛期 20 年一遇和 50 年一遇 15 日设计暴雨量分别为 567.98 mm 和 700.92 mm，根据典型雨型分配表（表 3.5.7），可得到主汛期不同重现期的雨量过程线，由此设定内涝模型的边界条件，通过模型模拟，可得到主汛期 20 年和 50 年一遇 15 日设计暴雨下的入湖流量过程，如图 3.5.7 所示。

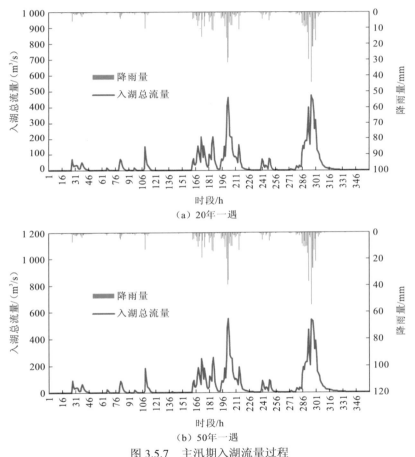

图 3.5.7　主汛期入湖流量过程

可以看出，入湖流量峰值出现时间比降雨峰值出现时间晚约 1 h。重现期为 50 年一遇设计暴雨与 20 年一遇相比，暴雨强度显著增大，入湖流量明显增大，管道汇流时间增长，当降雨重现期为 20 a 和 50 a 时，15 日降雨总量分别为 567.98 mm 和 700.92 mm，入湖总流量峰值分别为 476.2 m³/s 和 551.4 m³/s，入湖总量分别为 6.1×10^7 m³/s 和 7.56×10^7 m³，降雨重现期为 50 a 时，入湖总量是重现期为 20 a 时的 1.24 倍。

2）前汛期

前汛期 20 年一遇和 50 年一遇 15 日设计暴雨量分别为 236.71 mm 和 269.02 mm，根据表 3.5.5 中雨型分配过程，可得到的不同重现期的雨量变化过程线，由此设定内涝模型的边界条件，得到前汛期入湖流量过程，如图 3.5.8 所示。

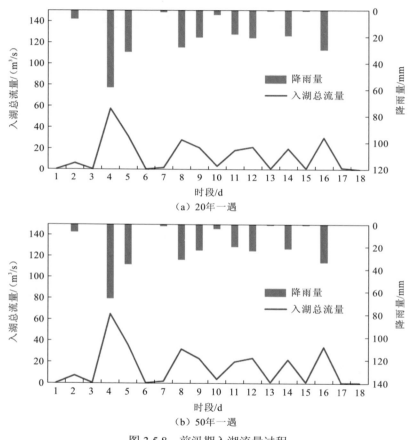

图 3.5.8　前汛期入湖流量过程

3）后汛期

前汛期 20 年一遇和 50 年一遇 15 日设计暴雨量分别为 342.99 mm 和 418.82 mm，根据表 3.5.9 中雨型分配过程，可得到的不同重现期的雨量变化过程线，由此设定内涝模型的边界条件，得到后汛期入湖流量过程，如图 3.5.9 所示。

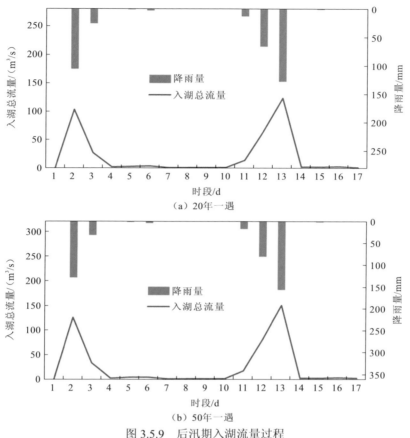

图 3.5.9　后汛期入湖流量过程

3.5.4　不同方案湖泊水位推求

汤逊湖水位变化过程与湖泊水位-蓄水量曲线、该流域降雨-径流过程和泵站抽排能力等因素有关。对表 3.5.10 中不同研究方案进行模拟，可得到不同起调水位下湖泊水位变化过程。

1）主汛期

根据现行调度规程和湖泊入湖水量模拟结果，设定汤逊湖起调水位分别为 18.0 m、18.2 m、18.4 m 和 18.6 m，模拟得到重现期为 20 年一遇和 50 年一遇暴雨下湖泊水位变化过程如图 3.5.10 所示。可以看出，汤逊湖起调水位为 18.2 m、

18.4 m 和 18.6 m 时，20 年一遇湖泊最高水位分别为 19.27 m、19.46 m 和 19.65 m，汤逊湖起调水位为 18.0 m、18.2 m 和 18.4 m 时，50 年一遇湖泊最高水位分别为 19.55 m、19.71 m 和 19.88 m。根据汤逊湖周边高程数据，当汤逊湖水位超过 19.65 m 时，部分道路和建筑物将被淹没。因此，为确保汤逊湖水位不超过防洪最高控制水位 19.65 m，按 20 年一遇暴雨考虑，主汛期可接受的最高起调水位为 18.6 m；按 50 年一遇暴雨考虑，主汛期可接受的最高起调水位为 18.0 m。

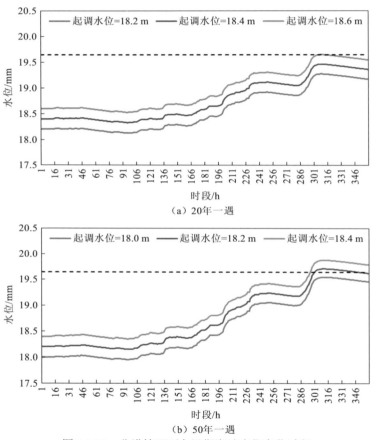

图 3.5.10　分洪情况下主汛期湖泊水位变化过程

　　假设不分洪的情况下，主汛期不同起调水位下湖泊水位变化过程如图 3.5.11 所示。若确保不超过防洪控制水位 19.65 m，则不同起调水位方案抵御主汛期设计洪水需分洪的水量见表 3.5.11。

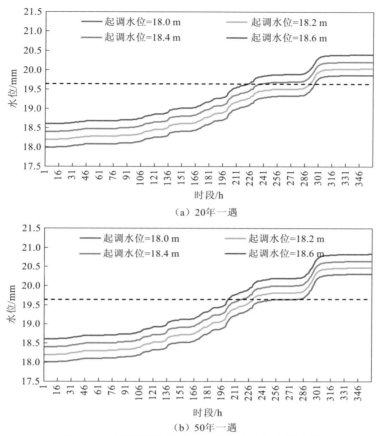

（a）20 年一遇

（b）50 年一遇

图 3.5.11　不分洪情况下主汛期湖泊水位变化过程

表 3.5.11　不同起调水位需分洪水量　　　　（单位：$10^4\,\mathrm{m}^3$）

重现期	起调水位			
	18.0 m	18.2 m	18.4 m	18.6 m
20 年一遇	1 090.5	1 932.1	2 779.4	3 695.1
50 年一遇	3 207.7	4 017.5	4 834.4	5 735.3

2）前汛期

前汛期为非汛期向主汛期的过渡阶段，考虑该阶段暴雨较小，在现有的堤防条件下，湖泊需要的调洪容积较小，该阶段湖泊水位可由非汛期的高水位逐渐降低至主汛期的调度水位，设定汤逊湖起调水位分别为 18.6 m、18.8 m、19.0 m，在不考虑分洪的情况下，模拟得到重现期为20年一遇和50年一遇暴雨下湖泊水位变化过程如图3.5.12所示。

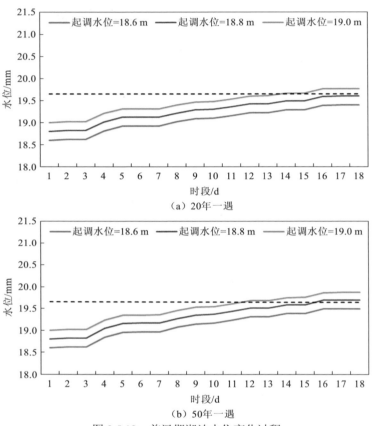

（a）20年一遇

（b）50年一遇

图 3.5.12　前汛期湖泊水位变化过程

3）后汛期

后汛期的划分主要是为了利用雨洪资源为兴利服务，但前提是必须充分保证防洪安全。考虑到后汛期暴雨较主汛期小，为了充分利用雨洪资源为工农业生产服务，可以在后汛期适当抬高湖泊的控制水位，设定汤逊湖起调水位分别为18.4 m、18.6 m、18.8 m 和 19.0 m，模拟得到重现期为 20 年一遇和 50 年一遇暴雨下汤逊湖水位变化过程如图3.5.13所示。

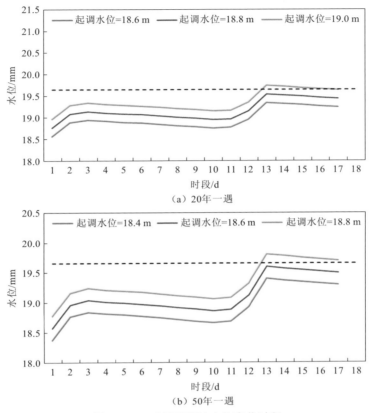

图 3.5.13　后汛期湖泊水位变化过程

3.5.5　方案比较及湖泊调度水位确定

不同起调水位下 20 年和 50 年一遇汤逊湖最高水位计算结果，见表 3.5.12。在主汛期，为保证汤逊湖水位不超过防洪最高控制水位 19.65 m，6 种方案均需分洪：若起调水位控制在 18.0 m 以下，汤逊湖可抵御 50 年一遇的暴雨；若起调水位为 18.2 m，当遭遇 50 年一遇暴雨时，最高水位达到 19.71 m，超过湖泊最高控制水位 19.65 m，即部分建筑将有被淹没的风险，但持续时间较短；若起调水位提高到 18.4 m，当遭遇 50 年一遇暴雨时，汤逊湖最高水位达到 19.88 m，超过了最高控制水位，且持续时间较长。因此，建议汤逊湖主汛期调度水位为 18.0～18.2 m。

表 3.5.12   不同方案下湖泊最高水位

重现期	主汛期			前汛期			后汛期		
	方案	起调水位 /m	最高水位 /m	方案	起调水位 /m	最高水位 /m	方案	起调水位 /m	最高水位 /m
20 年一遇	A1	18.2	19.27	B1	18.6	19.40	C1	18.6	19.35
	A2	**18.4**	19.46	B2	**18.8**	19.60	C2	**18.8**	19.55
	A3	18.6	19.65	B3	19.0	19.78	C3	19.0	19.75
50 年一遇	A4	18.0	19.55	B4	**18.6**	19.51	C4	18.4	19.40
	A5	**18.2**	19.71	B5	18.8	19.71	C5	**18.6**	19.59
	A6	18.4	19.88	B6	19.0	19.88	C6	18.8	19.79

前汛期作为非汛期和主汛期的过渡阶段，由于该阶段暴雨较小，在不考虑分洪的条件下：若汛前水位控制在 18.8 m，汤逊湖可抵御 20 年一遇的设计暴雨，当遭遇 50 年一遇设计暴雨时，汤逊湖最高水位为 19.7 m，超过汤逊湖的最高控制水位；若汛前水位控制在 18.6 m 时，汤逊湖可抵御 50 年一遇设计暴雨。因此，前汛期若按 20 年一遇暴雨考虑，推荐汛前水位控制在 18.8 m；若按 50 年一遇暴雨考虑，推荐汛前水位控制在 18.6 m。

在后汛期，为了充分利用雨洪资源，考虑充分保证防洪安全的前提下适当抬高蓄洪限制水位，从表 3.5.12 可以看出：若起调水位控制在 18.8 m，遭遇 20 年一遇暴雨时，汤逊湖最高水位为 19.55 m，低于湖泊最高控制水位；若起调水位控制在 18.6 m，汤逊湖可抵御 50 年一遇的设计暴雨。因此，后汛期若按 20 年一遇暴雨考虑，推荐汛前水位控制在 18.8 m，若按 50 年一遇暴雨考虑，推荐汛前水位控制在 18.6 m。

综上，通过对不同调控方案和分期设计暴雨下湖泊水位的模拟结果进行分析和比较，得出了汤逊湖调度控制水位的最佳方案。按 50 年一遇暴雨考虑，前汛期（4 月 21 日至 5 月 31 日）控制水位为 18.6 m，主汛期（6 月 1 日至 7 月 31 日）起调水位为 18.2 m，后汛期（8 月 1 日至 9 月 30 日）控制水位为 18.6 m，如图 3.5.14 所示。

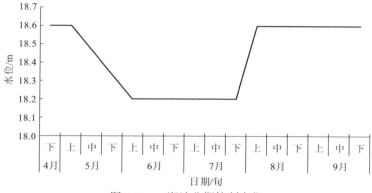

图 3.5.14　湖泊分期控制水位

3.6　本 章 小 结

本章对研究区域降雨特性和变化趋势进行了分析,以数字流域技术为基础,构建了基于 Mike Urban 的城市内涝模型,研究了不同重现期暴雨下的区域水文效应,确定了汤逊湖不同分期的调度水位。主要研究内容和结论如下。

(1) 通过线性回归分析方法和 M-K 检验法对研究区域年降雨量、月降雨量、暴雨天数和极端降雨指标的变化规律进行了分析,结果表明,汤逊湖地区年降雨量呈现增长的趋势,降雨主要集中在 4~8 月,其中 6~7 月发生暴雨的可能性最大,年最大 1 日降雨、最大 3 日降雨、最大 5 日降雨、最大 7 日降雨及最大 15 日降雨均呈现增长的趋势。

(2) 以 DEM 数据、土地利用类型、排水管网等资料为基础,构建了基于 Mike Urban 的城市内涝模型,通过实测数据对模型参数进行了率定和验证,模拟得到的入湖流量过程与实测值拟合较好,说明模型能较好地反映汤逊湖地区产汇流状况。

(3) 以城市内涝模型为基础,对不同暴雨重现期情景下地表径流情况和排水管道水流过程进行模拟和分析,结果表明,随着重现期的增大,径流累积量和综合径流系数均逐渐增大,溢流节点数量和溢流比例均明显增大。其中,土地利用类型为林地和农用地的区域径流深和径流系数较小,建筑用地区域径流深和径流系数较大,且建筑物越密集的区域径流系数越大。通过对汤逊湖地区管网排水能力进行分析,可以看出,该地区整体排水管设计标准偏低,外汤逊湖东北部地区和南部部分区域雨水管网系统设计标准相对来说很低,仅为 1 年一遇。当发生 20 年一遇暴雨时,汤逊湖 54.26% 的雨水井发生溢流,光谷金融港等地区尤其严重,说明汤逊湖地区雨水管网无法满足 20 a 重现期的排涝标准。

（4）通过对汤逊湖地区暴雨洪涝成因和降雨量变化相对系数进行分析，确定汤逊湖流域 4 月 21 日至 5 月 31 日为前汛期，6 月 1 日至 7 月 31 日为主汛期，8 月 1 日至 9 月 30 日为后汛期。根据不同分期的暴雨资料进行频率分析，得到了前汛期、主汛期和后汛期不同频率的设计暴雨。基于城市内涝模型，对不同分期调度方案的入湖水量过程和水位变化过程进行模拟，以最高水位不超过最高控制水位 19.65 m 为原则，得到前汛期、主汛期和后汛期调度水位分别为 18.6 m、18.2 m 和 18.6 m。

第 4 章　湖泊水质调控水位

4.1　研　究　方　法

4.1.1　基本原理

随着我国水资源、水环境和水生态等水安全问题的日益突出，2011 年"中央一号文件"明确提出要实行最严格的水资源管理制度；2012 年，国务院发布《国务院关于实行最严格水资源管理制度的意见》，对实行最严格水资源管理制度工作进行全面部署和具体安排，进一步明确水资源管理"三条红线"的主要目标。

根据"三条红线"中的水功能区限制纳污红线的概念，蒋婷等（2018）提出了湖泊水质调控水位的定义，即：为使湖泊水体水质达到水体功能区划的要求，需要保持的最低水位或水位区间。当湖泊受纳污染物总量给定，即污染物排放情况已经确定时，可以依据水域纳污能力或水环境容量的计算公式，进行反推，计算相应的水质调控水位。

根据水质调控水位的内涵，确定水质调控水位的方法主要有：水环境容量控制法、水域纳污能力控制法和非稳态水质指标控制法等。

4.1.2　水环境容量控制法

湖泊的水环境容量是指具有某一设计水情（即某一保证率）的湖泊为维持其水环境质量标准，所允许污染物最大的入湖数量。环境容量是流域污染物总量控制的基础，只有确定了湖泊的水环境容量，才能进行流域污染物总量控制以及污染负荷分配，因此开展湖泊动态水环境容量的研究具有重要的意义。

1. 湖泊水环境容量的主要影响因素

从湖泊水环境容量的定义可以看出，影响湖泊水环境容量的主要因素有湖泊水质标准、湖泊水体状态参数和湖泊水体的自净能力。

水质标准严，容许入湖的污染物质（包括营养物质）就少，因而湖泊的环境容量及单位湖泊面积上的允许负荷量就少。反之，水质标准低，湖泊容量及允许负荷量就大。

在同样的水质标准下，湖泊的蓄水量大，允许入湖的污染物质数量就多，其环境容量就大。

此外，影响湖泊水环境容量的另外一个因素就是湖泊水体的自净能力。湖泊水体的自净能力高，则说明入湖的污染物容易被稀释、氧化和生物降解。湖泊水体的自净能力的高低与湖水交换更新的速度、湖泊生物状况有关。

2. 湖泊水环境容量计算方法

首先，建立湖泊水质指标浓度与其影响因素之间的关系，主要有制作水质模型、应用通用水质模型和建立经验相关模型。水质模型的制作是在进行现场环境监测数据的基础上，根据污染物（或营养物）的性质建立湖泊水体的自净方程，确定方程的求解方法，通过现场调查和室内试验识别模型参数，从而制作出湖泊水质模型。但是，这一方法需要大量投资，建立室内模拟实验装置，成本较高；对于无条件建立水质模型的地区，可以将现有的通用的湖泊水质模型，经实测资料验证后，作为推求湖泊水环境容量的依据，这种方法简便、经济。如果被研究地区有长期的湖泊水体污染物监测和湖泊参数的资料，则可以根据多年的实测资料建立该湖泊水质指标浓度与其影响因素的多元线性回归方程，或绘制经验相关曲线，并根据这一相关关系推算出湖泊水体的水环境容量。

其次，确定湖泊水质标准和设计水情。根据社会经济调查，明确湖泊及其水域水质功能和使用目标，确定出相应的水环境质量标准，并根据湖区水文资料，推算出具有一定保证率的湖泊水量及入湖河道径流量，作为湖泊的设计水情。计算还需要湖泊容积、积水面积、湖水平均深度等水文参数资料。

3. 湖泊水动力-水质数学模型

目前，对于湖泊的水环境容量大多是以零维水质模型为基础进行计算的。但由于汤逊湖平面尺寸较大，不能按完全均匀混合水体来考虑，且湖泊水深相对平面尺寸来说较小，可以认为沿水体垂向方向掺混比较均匀，所以本书拟采用平面二维水质模型为基础计算汤逊湖湖泊群的水环境容量。

1）水动力方程

浅水湖泊平面二维水动力方程包括连续性方程和动量方程，分别如下所示：
连续性方程为

$$\frac{\partial h}{\partial t} + \frac{\partial hu}{\partial x} + \frac{\partial hv}{\partial y} = q \qquad (4.1.1)$$

动量方程为

$$\frac{\partial hu}{\partial t} + u\frac{\partial hu}{\partial x} + v\frac{\partial hu}{\partial y} = -gh\frac{\partial z}{\partial x} - gn^2\frac{u\sqrt{u^2+v^2}}{h^{1/3}} + \frac{\partial}{\partial x}\left(\varepsilon_x h\frac{\partial u}{\partial x}\right) + \frac{\partial}{\partial y}\left(\varepsilon_x h\frac{\partial v}{\partial x}\right) \quad (4.1.2)$$

$$\frac{\partial hv}{\partial t} + u\frac{\partial hv}{\partial x} + v\frac{\partial hv}{\partial y} = gh\frac{\partial z}{\partial y} - gn^2\frac{v\sqrt{u^2+v^2}}{h^{1/3}} + \frac{\partial}{\partial x}\left(\varepsilon_y h\frac{\partial v}{\partial x}\right) + \frac{\partial}{\partial y}\left(\varepsilon_y h\frac{\partial v}{\partial y}\right) \quad (4.1.3)$$

式中：h 为水深，m；x、y 分别为水体纵向和横向的流动距离，m；t 为时间，s；q 为体积源汇项，包括降雨、蒸发、渗流等，m/s；u、v 分别为 x、y 方向的流速，m/s；z 为水位，m；n 为粗糙系数；ε_x、ε_y 分别为 x、y 方向的涡动黏滞系数，m^2/s。

2）水质迁移转化方程

沿水深方向截取一个长度为 dx，宽度为 dy，高度为 h 的柱体，根据质量平衡原理，可得到平面二维水质迁移转化基本方程，如下式所示：

$$\frac{\partial hC}{\partial t} + u\frac{\partial hC}{\partial x} + v\frac{\partial hC}{\partial y} = \frac{\partial}{\partial x}\left(E_x\frac{\partial hC}{\partial x}\right) + \frac{\partial}{\partial y}\left(E_y\frac{\partial hC}{\partial y}\right) + h\sum S_i \quad (4.1.4)$$

式中：C 为湖泊中某种污染物的浓度；E_x、E_y 分别为 x、y 方向的分子扩散系数、紊动扩散系数和离散系数之和；$\sum S_i$ 为湖泊水体污染物的源汇项，$\sum S_i = K_1 C + S_0$，K_1 为 TN、TP 降解系数，S_0 为外源汇项。

模型采用有限体积法对水动力方程和水质迁移转化方程进行离散，采用交替方向隐式（alternating direction iteration，ADI）法和三对角矩阵算法（tridiagonal matrix algorithm，TDMA）对方程组进行求解。

4. 动态水环境容量模型

在水量平衡模拟、湖泊水体水动力与水质模拟的基础上，引入动态水环境容量的思路。假定进入湖泊的水量和湖泊蓄水水量作为湖泊的可纳污水量，进入湖泊的水量对污染物具有稀释作用，并且通过湖泊水流出流带走湖泊水体中的污染物。而入湖水量形成的水环境容量和水体中污染物综合降解形成的自净能力在时间上和空间上是变化的。根据该思路，计算汤逊湖不同月份的水环境容量。

湖泊水环境容量包括存储容量、输移容量和自净容量三部分。存储容量是指由于稀释和沉积作用，污染物逐渐分布于水体和水底底泥中，其浓度达到基准值或标准值时水体所能容纳的污染物量；输移容量是指由于水体的流动，污染物随着水体向下游移动，最终从湖泊中输出，它表示水体输移污染物的能力；自净容量是指水体对污染物进行降解或无害化的能力。若污染物为有机物，自净容量也常称为同化容量。

　　计算湖泊水环境容量时，可先将湖泊水域分为若干个区域，根据数值模型求出各个区域的平均污染物浓度，分别计算各个区域的水环境容量，进而得到全湖的水环境容量。其中，单个水域水体的水环境容量可以采用如下方程式计算：

$$V\frac{\mathrm{d}C}{\mathrm{d}t} = Q_{\mathrm{in}}C_{\mathrm{in}} - Q_{\mathrm{out}}C_{\mathrm{out}} - KVC \tag{4.1.5}$$

式中：V 为此水体的容积，m^3；Q_{in} 为入湖流量，m^3/s；Q_{out} 为出湖流量，m^3/s；C_{in} 为入湖污染物浓度，$\mathrm{g/m}^3$；C_{out} 为出湖污染物浓度，$\mathrm{g/m}^3$；K 为污染物的一阶降解速率，d^{-1}；C 为湖中污染物的浓度，$\mathrm{g/m}^3$；t 为时间，s。

　　当湖泊中污染物浓度达到预期的环境标准（C_{s}）值时，式（4.1.5）可以转换为

$$V\frac{\mathrm{d}C}{\mathrm{d}t} = V\frac{C_{\mathrm{s}} - C_{\mathrm{x}}}{\mathrm{d}t} = Q_{\mathrm{in}}C_{\mathrm{in}} - Q_{\mathrm{out}}C_{\mathrm{s}} - KVC_{\mathrm{s}} \tag{4.1.6}$$

式中：C_{x} 为现时湖中污染物的浓度。那么水环境容量 L 可以由下式计算。

$$L = V\frac{C_{\mathrm{s}} - C_{\mathrm{x}}}{\Delta t} + Q_{\mathrm{out}}C_{\mathrm{s}} + KVC_{\mathrm{s}} \tag{4.1.7}$$

　　以上所计算的为单个水域的水环境容量，全湖的水环境容量则为各个水域环境容量的累加值：

$$L = \sum_{i=1}^{n}L_i \tag{4.1.8}$$

式中：i 为湖中所划分的水域单元号；n 为水域单元总数；L_i 为第 i 个水域单元的水环境容量；L 为全湖的水环境容量。

4.1.3　水域纳污能力控制法

　　水域纳污能力，是指在设计水文条件下，满足计算水域的水质目标要求时，该水域所能容纳的某种污染物的最大数量。可根据水域特性、水质状况、设计水文条件和水功能区水质目标值，应用数学模型计算湖泊不同分区的水域纳污能力。

　　1）均匀模型

　　根据《水域纳污能力计算规程》（GB/T 25173—2010），对于污染物混合均匀的中小型湖泊，可以采用如下的公式计算湖泊的污染物浓度。

$$C(t) = \frac{m + m_0}{K_{\mathrm{h}}V} + \left(C_{\mathrm{h}} - \frac{m + m_0}{K_{\mathrm{h}}V}\right)\exp(-K_{\mathrm{h}}t) \tag{4.1.9}$$

其中，

$$K_{\mathrm{h}} = \frac{Q_{\mathrm{L}}}{V} + K$$

$$m_0 = C_0 Q_{\mathrm{L}}$$

式中：$C(t)$ 为计算时段 t 内的污染物浓度，mg/L；K_{h} 为中间变量，1/s；C_{h} 为湖（库）现状污染物浓度，mg/L；C_0 为湖（库）入流污染物浓度，mg/L；m_0 为湖（库）入流污染物排放速率，g/s；m 为污染物入河（湖）速率，g/s；V 为设计水文条件下湖（库）容积，m³；Q_{L} 为湖（库）出流量，m³/s；t 为计算时段长，s。

当流入和流出湖（库）的水量平衡时，中小型湖（库）的水质控制库容按下式计算：

$$V = \frac{[1 - \exp(-K_{\mathrm{h}}t)](m + m_0)}{[C_{\mathrm{s}} - C_{\mathrm{h}} \exp(-K_{\mathrm{h}}t)]K_{\mathrm{h}}} \qquad (4.1.10)$$

式中：符号意义同前。

2）富营养化模型

根据质量平衡原理，参考福莱威特（Vollenweider）的湖泊富营养化模型，假设湖泊经过长期的引水调控、承纳雨污和污染物迁移转化后，其水体水质倾向于稳定，主要考虑外源污染、天然来水、人工引水和水体污染物的综合降解等因素的影响，则湖泊水体水质的月变化可用以下方程描述：

$$V \frac{\mathrm{d}C}{\mathrm{d}t} = W - kVC - QC - Q_{\mathrm{d}}C \qquad (4.1.11)$$

式中：W 为月入湖的某典型污染物总量，g/s；C 为某典型污染物浓度，mg/L；k 为污染物的综合降解系数（含大气沉降、底泥影响等）；V 为湖泊某特征水位下的库容，m³；Q 为湖泊的年均天然出湖流量，m³/s；Q_{d} 引水冲污的流量，m³/s；t 为时间，s。

对方程式（4.1.11）进行求积分，其解为

$$C = \frac{W}{Q + Q_{\mathrm{d}} + kV} - \left(\frac{W}{Q + Q_{\mathrm{d}} + kV} - C_0 \right) \exp \left[-\left(\frac{Q + Q_{\mathrm{d}}}{V} + k \right) t \right] \qquad (4.1.12)$$

当 t 取月时，湖泊水质趋于稳定，即 $\frac{\mathrm{d}C}{\mathrm{d}t} = 0$ 时，其稳态解为

$$C = \frac{W}{Q + Q_{\mathrm{d}} + kV} \qquad (4.1.13)$$

易知，式（4.1.13）随着 V、Q 和 Q_{d} 单调递减，即湖泊水质参数的浓度随着库容的增加而减小，随着天然来水和人工引水量的增加而减小。此时，湖泊控制水位越大越好。于是，湖泊的水质控制容积如下式：

$$V = \frac{W}{kC} - \frac{Q + Q_{\mathrm{d}}}{k} \qquad (4.1.14)$$

通过湖泊的水位-容积关系式 $f(V)$，可以推得湖泊的水质控制水位，如下式所示：

$$Z = f\left(\frac{W}{kC} - \frac{Q+Q_d}{k}\right) \tag{4.1.15}$$

若依据狄龙模型进行推导，则按式（4.1.16）计算：

$$C_p = \frac{L_p(1-R_p)}{\beta h} \tag{4.1.16}$$

其中，

$$R_p = 1 - \frac{W_出}{W_入}$$

$$\beta = Q_a / V$$

式中：C_p 为湖（库）中氮、磷的平均浓度，g/m^3；L_p 为年湖（库）氮、磷单位面积负荷，$g/(m^2 \cdot a)$；β 为水力冲刷系数，$1/a$；Q_a 为湖（库）年出流水量，m^3/a；R_p 为氮、磷在湖（库）中的滞留系数，$1/a$；$W_出$ 为年出湖（库）的氮、磷量，t/a；$W_入$ 为年入湖（库）的氮、磷量，t/a。

湖（库）中氮或磷的水域纳污能力按式（4.1.17）计算：

$$M_N = L_s \cdot A \tag{4.1.17}$$

$$L_s = \frac{P_s h Q_a}{(1-R_p)V}$$

式中：M_N 为氮或磷的水域纳污能力，t/a；L_s 为单位湖（库）水面积氮或磷的水域纳污能力，$mg/(m^2 \cdot a)$；A 为湖（库）水面积，m^2；P_s 为湖（库）中磷（氮）的年平均控制浓度，mg/L；其他符号意义同前。

根据以上公式，可得湖泊水质控制水位的计算公式如下：

$$Z = \frac{P_s h Q_a}{(1-R_p)M_N} \tag{4.1.18}$$

4.1.4 非稳态水质指标控制法

湖泊水体水质的月变化可用式（4.1.11）描述。

与前述两种方法不同，不再假设 $dC/dt = 0$，因此以天为时间步长，给定湖泊的控制体积取值区间，使用牛顿迭代法，直接对式（4.1.11）进行迭代，可求得满足水质目标 C_s 时的临界湖（库）容 V_s，并反推出水质控制水位。

4.2　入湖污染负荷

汤逊湖流域的污染负荷主要包括点源污染、非点源污染、内源污染和大气沉降这四类。本书根据实测数据对点源污染负荷进行统计计算,通过经验系数法估算非点源污染负荷,采用折纯系数法估算内源污染负荷,利用单位负荷法估算大气沉降负荷。

4.2.1　点源污染

汤逊湖流域点源污染主要是由城镇生活污水和工业废水通过管道、沟渠等排污口集中排入湖泊所带来的污染负荷。

近年来虽然汤逊湖污染治理力度不断加强,截污工程正在逐步实施,但是汤逊湖周边仍然存在不少排污口。根据武汉市水资源水环境监测中心对汤逊湖湖泊群排污口的调查结果,本书将湖泊群周边排污口概化成 19 个主要排污口,如图 4.2.1 所示。

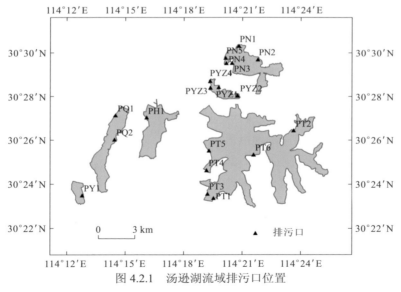

图 4.2.1　汤逊湖流域排污口位置

入湖点源污染负荷依据监测的排污口排放流量和污染物浓度计算得到。其中,部分排污口仅有排放流量数据,污染物浓度按照《城镇污水处理厂污染物排放标准》(GB 18918—2002)一级 A 标准进行计算。

4.2.2　非点源污染

非点源污染又称面源污染，是土壤泥沙颗粒、氮磷、农药等各种污染物通过地表径流、土壤侵蚀、农田排水等方式汇入受纳水体而引起的污染（贺缠生和傅伯杰，1998）。非点源污染没有固定排放口，时空范围广，控制难度大，目前已成为影响湖泊水体质量的主要污染源。

非点源污染根据发生区域和产生过程的特点，可以分为农村非点源污染和城市非点源污染两大类。其中，农村非点源污染包括农村生活污染、农田径流污染和畜禽养殖污染等。本书采用经验系数法估算农村非点源污染源负荷，首先统计农村人口总数、畜禽总数和农田化肥施用量，然后根据相关文献和区域特点确定产污系数和入湖系数，进而估算产污量和入湖污染负荷。城市非点源污染主要为城市降雨径流污染。城市降雨径流污染是指降雨径流通过对城市下垫面（如商业区、居住区、绿地和交通道路等）的击溅、冲刷和搬运作用，聚集地面累积的各种污染物，并随城市排水系统进入受纳水体而造成的污染。

1. 农村生活污染

农村生活污染主要是指生活污水、人粪尿和生活垃圾等污染物随意排放对受纳水体造成的污染。农村生活污水特别是含磷洗涤废水排入河流湖泊，可产生一定的营养负荷，未经处理或不达标直接排放会导致水体富营养化；人粪尿是农村最早、最普遍使用的有机肥，如果随意堆放或化粪池设计不当，随地表径流等进入湖泊会造成湖泊水体污染；农村生活垃圾就地填埋或随意堆放，其渗滤液会污染地表水和地下水并被暴雨冲淋进入水体造成污染。

本书通过统计农村人口数量和人均产污量来估算农村生活污染负荷。根据式（4.2.1）计算可得到农村生活污染负荷入湖量。

$$T_{NAi} = P_r \times \alpha_{NAi} \times \beta_{NA} \times 10 \tag{4.2.1}$$

式中：T_{NAi} 为第 i 种污染物的农村生活污染入湖量，t/a；i 为污染物指标，包括 TN 和 TP；P_r 为农村人口数量，万人；α_{NAi} 为第 i 种污染物人均产污量，kg/（人·a）；β_{NA} 为农村生活污染入湖系数。

农村人均产污量根据文献整理得到，见表 4.2.1。人口数量根据各行政分区人口数量确定，其中，洪山区和江夏各细分区内农村人口分别依据 2014 年《武汉市统计年鉴》和《江夏区统计年鉴》内各分区的总农村人口，利用汇水面积比进行修正，东湖新区的城镇化率设定为 100%，不考虑农村生活污染。

表 4.2.1　汤逊湖流域农村人均生活污水及污染物排放量（王浩，2012）

人均生活污水量 /[L/（人·d）]	污染物排放量/[kg/（人·a）]	
	TN	TP
80	3.64	0.67

并非所有污染源排放的污染物直接进入水体，入湖系数是指进入湖泊的污染物数量与总排放量的比值（王浩，2012）。参考相关文献（申萌萌 等，2013；王浩，2012），结合汤逊湖流域的实际情况，农村生活污水入湖系数取 12%。

2. 农田径流污染

农田径流污染是指农业生产活动中，污染物质通过农田地表径流和农田渗漏，形成的水环境污染（汪洋，2007）。化肥、农药、农田固废等是造成污染的主要来源。其中，化肥是现代农业生产中不可缺少的一种物质投入，可为植物生长提供必需的营养元素。但化肥中的氮、磷等营养元素随地表径流或农田排水进入水体是造成河流湖泊富营养化的一个重要原因。除地表流失外，化肥还可随土壤水淋失进入地下水对其造成污染。由于农业化肥的施用量较大，对水体的污染影响大。本书主要对农田化肥施用过程所带来的污染进行估算。

各类化肥的流失量根据折纯系数和流失系数得到，参考相关调查的研究结果（王桂玲 等，2004），化肥流失量计算公式如下：

$$TN=(氮肥+复合肥×0.33)×25\%$$
$$TP=(磷肥×0.44+复合肥×0.15)×35\%$$

农田化肥 TP 污染物入湖系数取 7%，TN 入湖系数取 14%。根据化肥流失量和入湖系数可以计算得到农田径流污染负荷入湖量。

3. 畜禽养殖污染

近年来，汤逊湖地区大力发展畜禽养殖，畜禽总产量大幅提升，农业综合生产能力显著增强。但目前该地区畜禽养殖的规模参差不齐，小规模及散养养殖占有相当大的比重。在畜禽养殖业中，畜禽粪尿如不及时处理，将随地表径流、农田排水和土壤水等途径进入河湖从而造成水体污染。目前，畜禽养殖污染防治问题已成为研究农业非点源污染的难点和重要内容（盛瑜 等，2016）。本书主要考虑牲畜（猪、牛）和家禽养殖产生的非点源污染。

畜禽养殖污染负荷入湖量可根据式（4.2.2）计算得到。

$$T_{NCi} = Q \times \alpha_{NCi} \times \beta_{NC} \qquad (4.2.2)$$

式中：T_{NCi} 为第 i 种污染物的畜禽养殖污染入湖量，t/a；i 为污染物指标，包括 TN 和 TP；Q 为畜禽数量，万头或只；α_{NCi} 为第 i 种污染物单位畜禽排泄系数，t/（a·万头或只）；β_{NC} 为农村生活污染入湖系数。

畜禽养殖污染物排泄系数主要依据现有研究结果确定（赖斯芸 等，2004），见表 4.2.2。汤逊湖流域散养的牲畜和家禽污染物排泄系数见表 4.2.2。畜禽养殖污染物入湖系数取 7%。

表 4.2.2　畜禽养殖污染物排泄系数　　　　　［单位：t/（a·万头或只）］

畜禽分类	TN	TP
牲畜	30.0	12.0
家禽	2.3	0.1

4. 城市降雨径流污染

城市降雨径流污染是指在降雨产汇流过程中，通过对不同城市下垫面的击溅、冲刷和搬运作用，聚集地面累积的各种污染物，并排入河湖水体而产生的污染。

本书利用 3.3 节研究得到的 2018 年汤逊湖地区土地利用类型解译结果，将下垫面分为农用地、建筑用地、林地/绿地、水体和裸地等 5 类，结果如图 3.3.1 所示。根据汤逊湖地区的用地特点，于 2008 年 8 月对汤逊湖周边地区的建筑用地、农用地、裸地等有代表性的区域进行采样，同时参考相关研究成果（惠二青 等，2006），确定建筑用地、林地/绿地、裸地径流 TN 和 TP 质量浓度见表 4.2.3。参考相关文献（贺宝根 等，2003），确定建筑用地、林地/绿地和裸地的降雨产流系数分别为 0.6、0.3 和 0.4。城市降雨径流污染入湖量计算公式如下：

$$T_{Ri} = \sum_{k=1}^{3} P \times \alpha_k \times C_{ki} \times A_k \times \beta_k \times 10^{-3} \qquad (4.2.3)$$

式中：T_{Ri} 为第 i 种污染物的城市降雨径流污染入湖量，t；i 为污染物指标，包括 TN 和 TP；P 为降雨量，mm；k 为土地利用类型，$k=1$ 为建筑用地，$k=2$ 为林地/绿地，$k=3$ 为裸地；α_k 为第 k 种土地利用类型的产流系数；C_{ki} 为第 k 种土地利用类型的第 i 种污染物质量浓度，mg/L；A_k 为流域上第 k 种土地利用类型的面积，km^2；β_k 为第 k 种土地利用类型入湖系数。

表 4.2.3　不同土地利用类型径流 TN 和 TP 质量浓度　（单位：mg/L）

土地利用类型	TN	TP
建筑用地	5.8	0.4
林地/绿地	1.9	1.1
裸地	1.6	1.0

2017 年江夏站降雨量为 1 217.6 mm，根据式（4.2.3）可得到 2017 年各湖泊的城市降雨径流污染物入湖量，见表 4.2.4。

表 4.2.4　汤逊湖流域城市降雨径流污染负荷入湖量

湖泊	土地利用类型面积/km²				入湖量/t	
	林地/绿地	建筑用地	裸地	农用地	TN	TP
汤逊湖	26.16	97.88	12.33	55.91	207.76	15.34
南湖	1.14	26.34	0.57	3.02	55.48	3.87
黄家湖	1.80	14.90	1.61	7.88	31.52	2.27
野湖	1.55	6.88	1.54	17.50	14.64	1.09
青菱湖	4.57	12.84	1.56	14.13	27.31	2.04
野芷湖	0.10	3.70	0.07	1.76	7.79	0.54

5. 非点源污染总量

非点源污染总量为农村生活污染、农田径流污染、畜禽养殖污染和城市降雨径流污染的总和，计算结果如图 4.2.2 所示。可以看出，汤逊湖由于汇水区域较大，非点源污染入湖总量远远大于其他 5 个湖泊，野芷湖和野湖入湖非点源污染总量较小。对于 TN 来说，城市降雨径流污染是汤逊湖湖泊群非点源污染的主要来源，其次是农田径流污染，农村生活污染和畜禽养殖污染对于非点源污染的贡献率较小，尤其是南湖地区，由于城市化程度较高，非点源污染 80%～90% 来自城市降雨径流污染，农业非点源污染负荷较低。对于 TP 来说，农田径流污染是非点源污染的主要来源，主要原因是在农业生产过程中磷肥的施用，带来了大量的磷营养物质，通过地表径流排入湖泊，导致 TP 污染负荷较高。

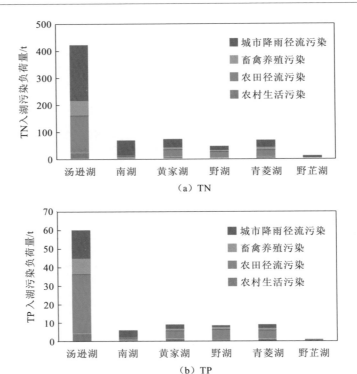

图 4.2.2 汤逊湖流域非点源污染全年入湖污染负荷总量

4.2.3 内源污染

内源污染是指由于水体和底泥内生物的新陈代谢活动而产生的食物残渣、代谢物、死后残体等对水体造成的污染（肖伟华 等，2009）。湖泊水体内源污染主要包括渔业养殖、底泥释放、生物固氮作用、地下水对湖泊补给等过程中所携带的污染物。由于汤逊湖湖泊群中底泥释放、生物固氮作用、地下水对湖泊补给作用等带来的污染物较少，所以本书仅考虑渔业养殖带来的污染负荷。

渔业养殖造成的污染主要来源于饵料沉淀，采用单位负荷法进行估算。通过统计饵料投放量、确定折纯系数和进入水体的比例，进而计算出渔业养殖产污量。汤逊湖投放的饵料主要是青草、颗粒饲料等，年用量约 3 000 t，一般集中在 5～10 月。依据现有研究成果，TN 和 TP 的折纯系数（即质量分数，随饵料入湖的氮、磷的质量占总饵料质量的比例）分别取 5.19% 和 0.52%。渔业饵料除沉积于底泥、鱼体吸收外，其余进入水体，TN 和 TP 的入湖系数分别为 67% 和 37%。

4.2.4　大气沉降

大气沉降是指大气中的污染物通过一定的途径被沉降至地面或水体的过程，分为干沉降和湿沉降。大气干沉降主要是指气溶胶粒子的沉降过程；大气湿沉降是指通过雨、雪或雹等输送污染物的过程。大气沉降会对湖泊的富营养化产生重大影响，因此不容忽视。

干沉降的计算方法为

$$T_{adi} = F_i \times S \times d \times 10^{-3} \qquad (4.2.4)$$

式中：T_{adi} 为干沉降量，t；F_i 为第 i 种污染物的沉降速率，kg/（km²·d）；S 为湖泊水面面积，km²；d 为干沉降天数，d。

湿沉降的计算方法为

$$T_{Rdi} = C_i \times S \times P \times 10^{-3} \qquad (4.2.5)$$

式中：T_{Rdi} 为湿沉降量，t；C_i 为天然雨水中第 i 种污染物的浓度，mg/L；S 为湖泊水面面积，km²；P 为降雨量，mm。

参考太湖等相关湖泊的研究结果（刘涛 等，2012），结合汤逊湖地区的空气状况，TN、TP 的干沉降速率分别为 8 kg/（km²·d）、1 kg/（km²·d）。天然雨水 TN、TP 的质量浓度分别为 2 mg/L、0.1 mg/L（王志标，2007）。

2017 年降雨量为 1 217.6 mm，降雨天数为 130 d，根据逐月降雨量数据，由式（4.2.4）和式（4.2.5）可计算逐月的干沉降和湿沉降。

4.2.5　入湖污染负荷总量

根据 4.2.1～4.2.4 小节的分析，将点源污染、非点源污染、内源污染和大气沉降相加可得到汤逊湖流域 TN 和 TP 全年入湖污染负荷总量如图 4.2.3 所示。总体来看，点源污染和非点源污染是汤逊湖湖泊群的主要污染来源，内源污染和大气沉降贡献率相对较小。

汤逊湖 TN 和 TP 全年入湖污染负荷总量分别为 905.30 t 和 95.00 t，其中：非点源污染对于汤逊湖 TN 和 TP 全年入湖污染负荷总量的贡献率分别为 46.6%和 63.1%；点源污染对于汤逊湖 TN 和 TP 全年入湖污染负荷总量的贡献率分别为 22.6%和 11.9%；内源污染对于汤逊湖 TN 和 TP 全年入湖污染负荷总量的贡献率分别为 7.3%和 6.1%；大气沉降对于汤逊湖 TN 和 TP 全年入湖污染负荷总量的贡献率分别为 23.6%和 18.9%。由此可见非点源污染是目前造成汤逊湖水体污染的首要来

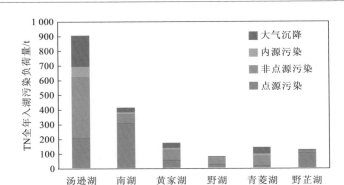

（a）TN

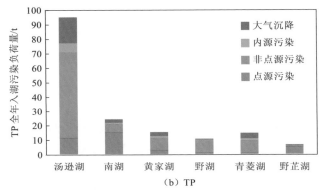

（b）TP

图 4.2.3　汤逊湖湖泊群全年入湖污染负荷总量

源，其次是点源污染，内源污染和大气沉降贡献率较小，但也不容忽视。城市化前 2007 年汤逊湖水体污染以点源污染为主（肖伟华 等，2009），造成这一转变的原因是城市化的快速发展，造成地表径流的增加和污染物冲刷作用的增强，使非点源污染入湖负荷增加，再加上近年来点源污染的有效控制，使得非点源污染成为目前汤逊湖的首要污染来源。

　　点源污染是南湖三种污染物的主要来源，对于 TN 和 TP 全年入湖污染负荷总量贡献率分别为 74.0%和 61.8%，这是由于南湖地区排污口众多，为改善南湖的水质状况，需对南湖的排污口进行截污处理。造成黄家湖、野湖和青菱湖污染的主要来源是非点源污染，造成野芷湖水体污染的主要来源是点源污染。

　　将点源污染、非点源污染、内源污染、大气沉降和外源污染的逐月变化过程累加可得到总入湖污染负荷的月变化过程。其中，点源污染主要来自城镇生活污水和工业废水，月变异系数不大，按照总量平均分配到每月。汤逊湖水系各湖泊计算结果如图 4.2.4 所示，可以看出，汤逊湖丰水期 4～10 月 TN 和 TP 入湖污染负荷总量分别为 643.7t 和 68.3 t，分别占全年入湖污染总量的 71.1%和 69.0%；枯水期 1～3 月和 11～12 月 TN 和 TP 入湖污染负荷总量分别为 261.5 t 和 26.7 t，分别占全年入湖污染负荷总量的 28.9%和 31.0%。入湖污染负荷最大的月份为 6 月，最小的月份为 12 月。汤逊湖湖泊群丰水期入湖污染负荷以非点源污染为主，枯水期以点源污染为主。

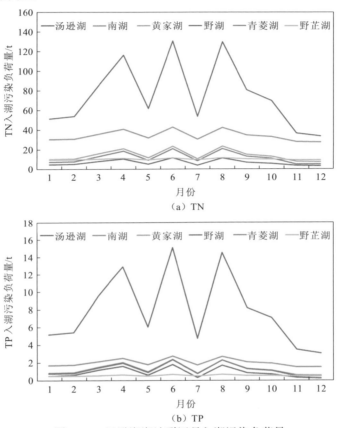

图 4.2.4　汤逊湖湖泊群逐月入湖污染负荷量

4.3　动态水环境容量

4.3.1　水功能区划分和保护目标的制定

依据武汉市地表水功能区与水环境功能区类别划分，汤逊湖水质管理目标为Ⅲ类水体，主要适用于集中式生活饮用水源地二级保护区，一般鱼类保护区及游泳区。

南湖作为武汉三环线内第二大湖，是重要湿地生态系统，对于城市生态系统的调节具有重要作用，水功能区划要求是 IV 类水质标准。选取 TN、TP 作为湖区环境保护指标体系，水环境保护控制目标见表 4.3.1。

表 4.3.1 汤逊湖水系主要湖泊功能定位及水质管理目标

湖泊名称	现状功能	水质管理目标	TN 质量浓度/（mg/L）	TP 质量浓度/（mg/L）
汤逊湖	调蓄、养殖、景观	III 类	1.0	0.05
南湖	调蓄、景观、养殖	IV 类	1.5	0.1
野芷湖	调蓄、养殖	IV 类	1.5	0.1
青菱湖	灌溉、调蓄、养殖	III 类	1.0	0.05
野湖	灌溉、调蓄、养殖	IV 类	1.5	0.1
黄家湖	调蓄、养殖	III 类	1.0	0.05

根据水质管理目标，汤逊湖必须达到 III 类水体要求，从现状的监测数据来看，湖心的水质能够基本满足 III 类水体要求，而在排污口附近的水域都出现不同程度的超标。因此，从分区管理的角度来考虑，将汤逊湖环湖缓冲区的水质目标定为 IV 类水标准，湖心区的水质管理目标为 III 类水标准，这样就导致分区的纳污能力不同，但从总体上保证汤逊湖的水质达到 III 类水体要求。

4.3.2 汤逊湖水系水量平衡

水量平衡模型主要包括两大部分，即湖泊入流部分和湖泊出流部分。在入流方面，汤逊湖水系主要通过降水补给。除汇水范围内的雨水外，在青菱河排涝能力不够时，巡司河上游雨水、南湖流域内的雨水等也可通过巡司河入汤逊湖暂时调蓄。在出流方面：在非汛期时，汤逊湖水位高于长江水位时，湖水通过湖泊西面的陈家山闸（经由青菱河）和西北面的解放闸（经由巡司河）自排入长江，并以陈家山闸为主；在汛期时，由于长江水位高于湖泊水位，造成对湖泊水体的顶托作用，需要关闸利用泵站抽水泄水，主要是湖泊西面的汤逊湖泵站和西南面的海口闸排出江，并以汤逊湖泵站为主。

1. 汤逊湖湖泊群蓄水量变化

汤逊湖湖泊群 2017 年逐月实测水位变化过程如图 4.3.1 所示，根据汤逊湖湖泊群水下地形资料，可推求各湖泊水位、水面面积和容积的相关关系，进而得到不同水位对应的蓄水量变化情况。从图中可知，汤逊湖水系各湖泊在前汛期（4～5 月）开始腾退库容，水位下降到湖泊正常蓄水位，为汛期留足调蓄空间，在后汛期（8～9 月）水位上涨，以保障湖泊景观、灌溉等功能的正常发挥。

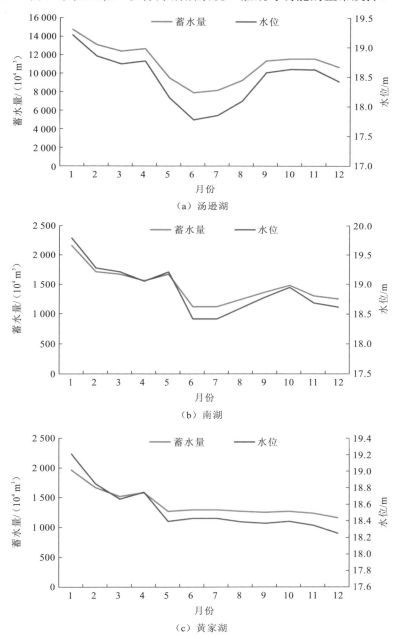

（a）汤逊湖

（b）南湖

（c）黄家湖

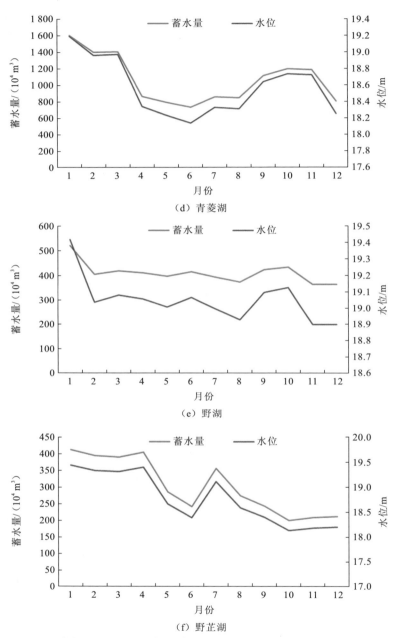

（d）青菱湖

（e）野湖

（f）野芷湖

图 4.3.1　汤逊湖湖泊群 2017 年水位和蓄水量变化图

2. 湖泊群入流分析

在入流方面，湖泊入流主要包括流域降雨产流（含陆域和水域）、污水排放入湖和巡司河汛期入流、灌溉退水等。

污水排放入湖量的计算主要是将湖泊流域内各个排污口监测排放量求和，根据各个排污口收集污水排放量平均分配到各月，计算各分区的污水入湖量。对于降雨产流，根据汤逊湖流域土地类型遥感反演结果，建筑用地、农用地、水体、林地/绿地和裸地的降雨产流系数分别取 0.6、0.5、1.0、0.3 和 0.4，可计算得到 2017 年汤逊湖地区的降雨产流入湖量（含陆域和水域），见表 4.3.2。

表 4.3.2　汤逊湖水量平衡表

月份	降雨/mm	蒸发量/($10^4 m^3$)	蓄水量/($10^4 m^3$)	污水排放/($10^4 m^3$)	降雨产流/($10^4 m^3$)	闸泵出流/($10^4 m^3$)
1	56.1	203.51	14 713.69	110.19	566.15	2 403.38
2	66.6	228.42	13 046.82	110.19	672.12	1 509.85
3	145.0	226.54	12 403.88	110.19	1 463.30	1 790.34
4	204.9	375.06	12 642.01	110.19	2 067.80	5 957.09
5	66.3	516.06	9 450.90	110.19	669.09	2 161.09
6	231.4	393.86	7 864.64	110.19	2 335.25	2 834.95
7	52.3	798.06	8 168.86	110.19	527.80	−957.27
8	212.3	550.84	9 211.87	110.19	2 142.50	613.62
9	96.1	345.92	11 297.91	110.19	969.83	925.01
10	71.6	307.85	11 558.66	110.19	722.58	904.90
11	32.9	293.28	11 515.20	110.19	332.02	1 172.74
12	11.7	250.04	10 646.02	110.19	118.07	489.54

注：7 月闸泵出流−957.27×$10^4 m^3$，表示巡司河上游雨水入汤逊湖调蓄。

3. 湖泊群出流分析

汤逊湖水系出流主要包括水面蒸发、泵站和闸排水等。水面蒸发根据流域附近的江夏站 2017 年蒸发观测数据估算得到。泵站和闸分别在汛期和非汛期排水，因此，根据汤逊湖水系水量平衡，可以结合汤逊湖湖泊群的水位、面积和蓄水量来推求非汛期陈家山闸与解放闸的排水量计算。

汤逊湖水系主要湖泊水量平衡情况见表 4.3.2～表 4.3.7。

表 4.3.3　　南湖水量平衡表

月份	降雨/mm	蒸发量/($10^4\,m^3$)	蓄水量/($10^4\,m^3$)	污水排放/($10^4\,m^3$)	降雨产流/($10^4\,m^3$)	闸泵出流/($10^4\,m^3$)
1	56.1	33.08	2 156.64	170.14	184.79	764.55
2	66.6	37.13	1 713.95	170.14	219.38	396.00
3	145.0	36.82	1 670.34	170.14	477.63	722.57
4	204.9	60.97	1 558.72	170.14	674.94	675.98
5	66.3	83.89	1 666.85	170.14	218.39	859.28
6	231.4	64.02	1 112.22	170.14	762.24	864.87
7	52.3	129.73	1 115.71	170.14	172.28	87.11
8	212.3	89.54	1 241.29	170.14	699.32	654.34
9	96.1	56.23	1 366.87	170.14	316.56	315.35
10	71.6	50.04	1 481.98	170.14	235.85	537.34
11	32.9	47.67	1 300.59	170.14	108.37	279.68
12	11.7	40.64	1 251.75	170.14	38.54	216.87

表 4.3.4　　黄家湖水量平衡表

月份	降雨/mm	蒸发量/($10^4\,m^3$)	蓄水量/($10^4\,m^3$)	污水排放/($10^4\,m^3$)	降雨产流/($10^4\,m^3$)	闸泵出流/($10^4\,m^3$)
1	56.1	36.85	1 963.14	30.44	134.78	427.31
2	66.6	41.36	1 664.19	30.44	160.00	299.99
3	145.0	41.02	1 513.29	30.44	348.35	272.34
4	204.9	67.91	1 578.72	30.44	492.26	768.89
5	66.3	93.44	1 264.62	30.44	159.28	70.15
6	231.4	71.31	1 290.75	30.44	555.92	515.05
7	52.3	144.50	1 290.75	30.44	125.65	41.45
8	212.3	99.74	1 260.89	30.44	510.03	451.94
9	96.1	62.63	1 249.69	30.44	230.87	181.26
10	71.6	55.74	1 267.11	30.44	172.01	182.26
11	32.9	53.10	1 231.56	30.44	79.04	127.83
12	11.7	45.27	1 160.11	30.44	28.11	58.07

表 4.3.5　青菱湖水量平衡表

月份	降雨/mm	蒸发量/($10^4\,m^3$)	蓄水量/($10^4\,m^3$)	污水排放/($10^4\,m^3$)	降雨产流/($10^4\,m^3$)	闸泵出流/($10^4\,m^3$)
1	56.1	47.63	1 606.49	8.72	240.02	404.52
2	66.6	53.46	1 403.08	8.72	284.94	231.35
3	145.0	53.02	1 411.92	8.72	620.37	1 118.27
4	204.9	87.78	869.72	8.72	876.64	870.56
5	66.3	120.78	796.74	8.72	283.66	231.30
6	231.4	92.18	737.03	8.72	990.02	780.50
7	52.3	186.78	863.09	8.72	223.76	58.97
8	212.3	128.92	849.82	8.72	908.30	517.85
9	96.1	80.96	1 120.07	8.72	411.15	259.31
10	71.6	72.05	1 199.67	8.72	306.33	251.84
11	32.9	68.64	1 190.82	8.72	140.76	461.65
12	11.7	58.52	810.01	8.72	50.06	125.80

表 4.3.6　野湖水量平衡表

月份	降雨/mm	蒸发量/($10^4\,m^3$)	蓄水量/($10^4\,m^3$)	污水排放/($10^4\,m^3$)	降雨产流/($10^4\,m^3$)	闸泵出流/($10^4\,m^3$)
1	56.1	8.83	521.66	13.38	35.51	154.32
2	66.6	9.91	407.40	13.38	42.15	32.09
3	145.0	9.83	420.93	13.38	91.77	102.84
4	204.9	16.28	413.41	13.38	129.68	141.82
5	66.3	22.40	398.38	13.38	41.96	14.90
6	231.4	17.10	416.42	13.38	146.45	163.79
7	52.3	34.64	395.37	13.38	33.10	32.89
8	212.3	23.91	374.32	13.38	134.37	72.72
9	96.1	15.01	425.44	13.38	60.82	50.17
10	71.6	13.36	434.46	13.38	45.32	114.50
11	32.9	12.73	365.30	13.38	20.82	21.48
12	11.7	10.85	365.30	13.38	7.40	9.94

表 4.3.7 野芷湖水量平衡表

月份	降雨/mm	蒸发量/(10^4m³)	蓄水量/(10^4m³)	污水排放/(10^4m³)	降雨产流/(10^4m³)	闸泵出流/(10^4m³)
1	56.1	7.45	412.93	58.11	27.01	95.44
2	66.6	8.36	395.16	58.11	32.07	85.05
3	145.0	8.29	391.93	58.11	69.82	105.10
4	204.9	13.73	406.47	58.11	98.66	262.20
5	66.3	18.89	287.31	58.11	31.92	115.85
6	231.4	14.41	242.61	58.11	111.42	40.17
7	52.3	29.21	357.56	58.11	25.18	137.10
8	212.3	20.16	274.54	58.11	102.23	170.51
9	96.1	12.66	244.21	58.11	46.27	134.83
10	71.6	11.27	201.10	58.11	34.48	73.34
11	32.9	10.73	209.08	58.11	15.84	60.02
12	11.7	9.15	212.28	58.11	5.63	1.91

4.3.3 二维水动力-水质模型构建

1. 湖底地形与计算网格

根据已有的汤逊湖湖泊群水下地形图,利用 ArcGIS 工具生成 DEM 网格数据,得到模型的地形文件（图 4.3.2）。空间步长纵向距离 $\Delta X=30$ m，横向距离 $\Delta Y=30$ m，汤逊湖、南湖、黄家湖、野湖、野芷湖和青菱湖分别被划分成 44 526、8 200、7 496、1 527、1 805 和 7 540 个网格。

2. 初始及边界条件

汤逊湖湖泊群的水流运动受到湖面风场影响，风速取武汉市多年平均值 2.8 m/s，风向取频率最高的东南风。时间步长取 3 600 s，初始浓度根据采样点实测浓度值插值生成湖泊浓度场，经模型反复计算，最终形成稳定的初始场，初始水位设定为湖泊的正常蓄水位，初始流速设为 0 m/s。

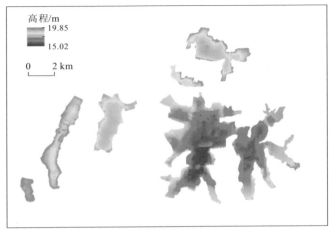

图 4.3.2　汤逊湖湖泊群水下地形图

边界条件包括引水口、出水口及点源和非点源的输入。入流边界采用流量条件控制，水质指标浓度采用实测资料输入，出流边界采用水位条件控制。降雨量采用邻近研究区域的武汉站实测逐小时降雨量数据。根据汤逊湖湖泊群水质超标情况选取 TN 和 TP 为水质模拟指标。

3. 模型率定和验证

利用 2014 年水位数据对模型水动力参数进行率定，利用 2014 年 2 月汤逊湖湖泊群 9 个采样点的实测水质数据，对模型水质参数进行率定。水位模拟值与实测值平均相对误差为 0.2%（图 4.3.3），TN 和 TP 模拟值与实测值平均相对误差分别为 10.3%和 12.4%（图 4.3.4），参数率定结果见表 4.3.8。

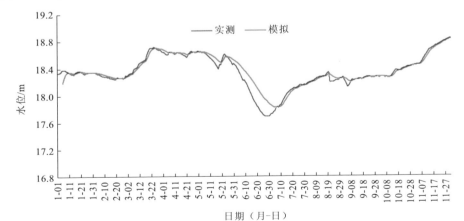

图 4.3.3　汤逊湖水位模拟值与实测值对比

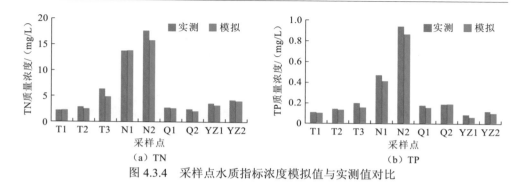

图 4.3.4　采样点水质指标浓度模拟值与实测值对比

表 4.3.8　模型水动力和水质参数率定结果

参数名称	数值	参数名称	数值
横向扩散系数	0.5 m²/s	纵向扩散系数	0.8 m²/s
横向涡动黏滞系数	8.9 m²/s	纵向涡动黏滞系数	8.9 m²/s
粗糙系数	0.02	TN 降解系数	0.015 d⁻¹
TP 降解系数	0.008 d⁻¹		

利用 2014 年 6 月汤逊湖湖泊群 9 个采样点的实测数据对模型进行验证,模拟值与实测值规律呈现较好的一致性,大部分采样点模拟值和实测值相对误差均小于 15%,TN 和 TP 平均相对误差分别为 10.9% 和 13.4%,说明构建的二维水动力-水质数学模型能较准确地模拟汤逊湖湖泊群水质变化过程,可用于实际的水质预测分析和环境容量的计算。

4.3.4　湖泊动态水环境容量计算

汤逊湖湖泊群的水环境容量与入湖水量、湖泊蓄水量、污染负荷变化和污染物的降解系数等因素有关。在汤逊湖水系水量平衡分析和湖泊水体水动力与水质模拟的基础上,根据 4.1.2 小节水环境容量模型,可计算得到各湖泊 TN 和 TP 动态水环境容量结果,见表 4.3.9 和表 4.3.10。

表 4.3.9　各湖泊 TN 水环境容量结果　　　　　　　　　　（单位：t）

月份	汤逊湖	南湖	黄家湖	青菱湖	野湖	野芷湖
1	77.82	20.37	10.78	9.96	4.37	4.16
2	65.75	16.64	8.89	8.83	3.40	3.84

月份	汤逊湖	南湖	黄家湖	青菱湖	野湖	野芷湖
3	80.23	21.37	10.82	12.86	4.51	4.65
4	88.30	23.20	12.33	12.77	4.94	5.10
5	54.86	17.45	7.78	6.63	3.61	3.35
6	70.72	21.49	11.67	13.30	5.21	4.18
7	46.82	12.92	7.56	6.34	3.45	3.74
8	75.34	21.70	11.27	13.12	4.83	4.32
9	66.16	16.53	8.24	9.24	3.98	3.21
10	65.44	16.43	7.92	8.73	3.91	2.79
11	57.79	12.96	6.64	6.85	2.98	2.52
12	52.34	11.86	5.98	4.35	2.86	2.44
合计	801.57	212.91	109.88	112.98	48.05	44.30

表 4.3.10 各湖泊 TP 水环境容量结果 （单位：t）

月份	汤逊湖	南湖	黄家湖	青菱湖	野湖	野芷湖
1	5.03	1.69	0.69	0.62	0.37	0.34
2	4.20	1.35	0.56	0.54	0.28	0.31
3	4.97	1.68	0.66	0.75	0.37	0.37
4	5.36	1.78	0.73	0.70	0.39	0.40
5	3.48	1.42	0.49	0.39	0.30	0.27
6	4.13	1.60	0.68	0.72	0.41	0.32
7	2.97	1.03	0.48	0.38	0.29	0.30
8	4.48	1.64	0.66	0.72	0.38	0.33
9	4.16	1.31	0.51	0.55	0.33	0.25
10	4.17	1.32	0.49	0.53	0.33	0.22
11	3.75	1.06	0.42	0.43	0.25	0.20
12	3.44	0.98	0.39	0.28	0.25	0.20
合计	50.14	16.86	6.76	6.61	3.95	3.51

总体来说,各湖泊 TN 和 TP 污染指标的水环境容量均远小于年入湖污染负荷总量,其中:汤逊湖 TN 和 TP 全年的水环境容量分别为 801.57 t 和 50.14 t,相应的全年入湖污染负荷总量分别为 905.26 t 和 94.99 t;南湖 TN 和 TP 全年的水环境容量分别为 212.91 t 和 16.86 t,相应的全年入湖污染负荷总量分别为 413.90 t 和 24.47 t。因此,需要适当削减污染物的入湖量,以满足水质目标的要求。

4.4 基于水环境容量的水质调控水位研究

4.4.1 入湖污染负荷削减量

2017 年湖泊群各月入湖污染负荷总量和动态水环境容量对比情况如图 4.4.1 所示。可以看出,汤逊湖水系内主要湖泊水环境容量在一年不同的月份中呈现动态变化,其中汤逊湖和南湖在汛期水环境容量较小,在非汛期水环境容量较大,其原因在于尽管汛期降雨量较多,入湖水量较大,但汤逊湖和南湖由于人为调节,使得汛期的水位较低,水体容积较小,水体中污染物的降解量偏小,相应汛期的水环境容量相对较小。汤逊湖和青菱湖除非汛期个别月份水环境容量大于入湖污染负荷总量外,其余月份入湖污染负荷总量远大于水环境容量。南湖、黄家湖、野湖和野芷湖全年各月水环境容量均远小于月入湖污染负荷总量,表明湖泊流域的 TN 和 TP 出现严重超标的现象,湖泊水体不能承受现状入湖的 TN 和 TP 污染负荷总量与入湖过程,需要对超标月份的入湖污染负荷总量进行削减,以保证水质不会进一步恶化。

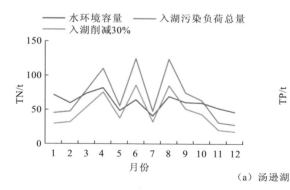

(a) 汤逊湖

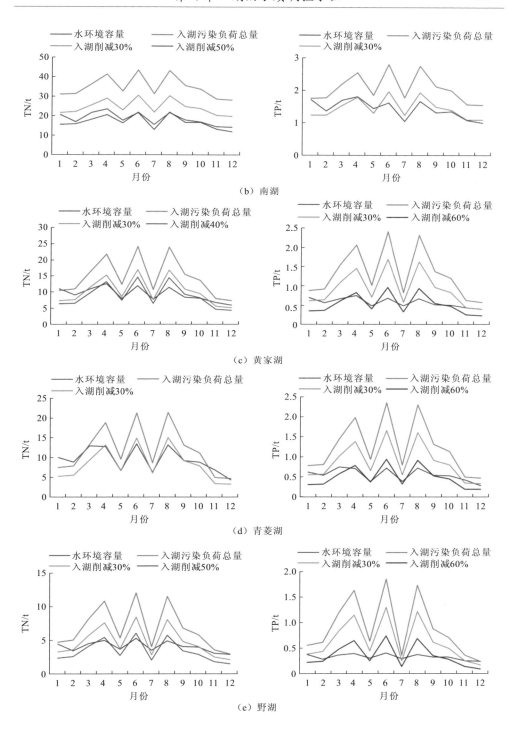

（b）南湖

（c）黄家湖

（d）青菱湖

（e）野湖

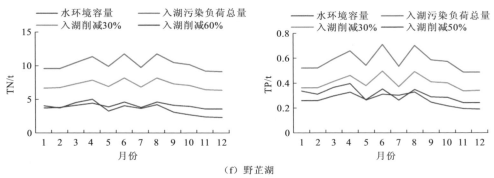

（f）野芷湖

图 4.4.1 湖泊群动态水环境容量和入湖污染负荷总量对比

各湖泊不同月份 TN 和 TP 入湖污染负荷总量削减量分别见表 4.4.1 和表 4.4.2，湖泊群各月入湖污染负荷总量和动态水环境容量对比可以看出，汤逊湖 TN 和 TP 入湖污染负荷总量需分别削减 181.7 t 和 45.5 t，各湖泊超标月份的入湖污染负荷总量需削减 30%～60%，才能保证入湖污染负荷总量小于水环境容量，从而满足水质达标要求，其中汛期削减量较大，非汛期削减量较小。

表 4.4.1 湖泊群 TN 入湖污染负荷总量削减量 （单位：t）

月份	汤逊湖	南湖	黄家湖	青菱湖	野湖	野芷湖
1	0.0	10.4	0.0	0.0	0.3	5.5
2	0.0	14.5	1.9	0.0	1.6	5.9
3	5.5	14.8	5.4	0.4	3.6	5.9
4	28.3	17.7	9.1	5.9	5.9	6.3
5	7.0	14.9	4.3	2.9	1.7	6.7
6	60.2	21.7	12.2	7.9	6.8	7.6
7	7.0	18.1	3.1	2.3	0.5	6.1
8	54.6	21.2	12.4	8.2	6.7	7.5
9	14.8	18.7	7.1	3.8	2.8	7.3
10	4.3	17.1	5.5	2.4	1.9	7.5
11	0.0	15.6	1.3	0.0	0.6	6.8
12	0.0	16.2	1.4	0.3	0.1	6.8
合计	181.7	200.9	63.7	34.1	32.5	79.9

表 4.4.2　湖泊群 TP 入湖污染负荷总量削减量　　（单位：t）

月份	汤逊湖	南湖	黄家湖	青菱湖	野湖	野芷湖
1	0.1	0.1	0.2	0.2	0.2	0.2
2	1.2	0.4	0.3	0.3	0.3	0.2
3	4.6	0.5	0.9	0.7	0.8	0.2
4	7.5	0.7	1.3	1.3	1.2	0.3
5	2.5	0.4	0.5	0.5	0.3	0.3
6	10.9	1.2	1.7	1.6	1.4	0.4
7	1.7	0.7	0.3	0.4	0.1	0.2
8	10.0	1.1	1.6	1.6	1.3	0.4
9	4.1	0.8	0.8	0.8	0.5	0.3
10	2.9	0.7	0.7	0.6	0.4	0.4
11	0.0	0.5	0.2	0.1	0.1	0.3
12	0.0	0.6	0.2	0.2	0.0	0.3
合计	45.5	7.7	8.7	8.3	6.6	3.5

4.4.2　汤逊湖湖泊群水质调控水位结果

削减入湖污染负荷，是改善湖泊水环境的有效途径。但由于个别月份污染物削减量及投资费用都比较大，实施起来有一定困难。通过对汤逊湖湖泊群水环境容量计算分析发现，在率定水环境参数的过程中，即使综合降解系数保持不变，随着湖泊蓄水水量增加会导致污染物在湖泊自我降解形成的水环境容量增加。因此，可以采用提高湖泊水位的方式适当增加湖泊水体的水环境容量，从而达到湖泊水质达标的目的。

根据湖泊水环境容量模型，汤逊湖不同水位情况下对应的各月 TN 和 TP 动态水环境容量见表 4.4.3 和表 4.4.4。可以看出，在同一月份，水位越高，汤逊湖水环境容量越大；当水位相同时，由于汛期入湖水量较大，水环境容量大于非汛期。按照汤逊湖超标月份 TN、TP 入湖污染负荷总量分别削减 30% 和 40% 来控制，即TN 和 TP 分别削减 151.6 t 和 38.0 t，当各月水环境容量满足入湖污染负荷总量要求时，计算得到水质调控水位，如图 4.4.2 所示，可作为湖泊水质满足要求的下限水位。与 2017 年现状水位对比可以看出，在非汛期汤逊湖水质调控水位低于现状水位，而汛期高于现状水位，这是由于在非汛期汤逊湖水环境容量高于入湖污染负荷总量，在满足水质标准的前提下水环境容量仍有富余，因此湖泊水位适当降低仍可满足水质要求，而在汛期汤逊湖水环境容量低于入湖污染负荷总量，需要适当提高水位从而增加湖泊水环境容量，达到水质达标的目的。同样方法计算得到南湖、黄家湖、青菱湖、野湖和野芷湖水质调控水位，如图4.4.3所示。

表 4.4.3　汤逊湖不同水位对应的 TN 水环境容量　　（单位：t）

月份	水位/m									
	17.6	17.8	18.0	18.2	18.4	18.6	18.8	19.0	19.2	19.4
1	41.17	46.37	50.42	54.46	58.50	62.54	68.85	73.28	77.71	82.14
2	39.65	44.35	48.00	51.65	55.30	58.95	64.65	68.65	72.65	76.65
3	54.32	59.52	63.57	67.61	71.65	75.69	82.00	86.43	90.86	95.29
4	62.16	67.19	71.10	75.02	78.93	82.84	88.94	93.23	97.51	101.80
5	42.68	47.88	51.93	55.97	60.01	64.05	70.36	74.79	79.22	83.65
6	66.08	71.11	75.02	78.93	82.85	86.76	92.86	97.15	101.43	105.72
7	40.61	45.81	49.85	53.90	57.94	61.98	68.29	72.72	77.15	81.58
8	64.28	69.48	73.52	77.56	81.60	85.65	91.95	96.38	100.81	105.24
9	46.06	51.10	55.01	58.92	62.83	66.74	72.85	77.14	81.42	85.71
10	43.46	48.67	52.71	56.75	60.79	64.83	71.14	75.57	80.00	84.43
11	36.71	41.75	45.66	49.57	53.48	57.40	63.50	67.79	72.07	76.36
12	34.60	39.81	43.85	47.89	51.93	55.97	62.28	66.71	71.14	75.57

表 4.4.4　汤逊湖不同水位对应的 TP 水环境容量　　（单位：t）

月份	水位/m									
	17.6	17.8	18.0	18.2	18.4	18.6	18.8	19.0	19.2	19.4
1	2.59	2.93	3.20	3.47	3.74	4.01	4.43	4.73	5.02	5.32
2	2.46	2.77	3.02	3.26	3.50	3.75	4.13	4.39	4.66	4.93
3	3.25	3.59	3.86	4.13	4.40	4.67	5.09	5.39	5.68	5.98

续表

月份	水位/m									
	17.6	17.8	18.0	18.2	18.4	18.6	18.8	19.0	19.2	19.4
4	3.62	3.96	4.22	4.48	4.74	5.00	5.41	5.69	5.98	6.26
5	2.66	3.01	3.28	3.55	3.82	4.09	4.51	4.80	5.10	5.39
6	3.82	4.15	4.41	4.67	4.93	5.19	5.60	5.89	6.17	6.46
7	2.56	2.91	3.18	3.45	3.72	3.98	4.41	4.70	5.00	5.29
8	3.74	4.09	4.36	4.63	4.90	5.17	5.59	5.88	6.18	6.47
9	2.82	3.15	3.41	3.67	3.93	4.19	4.60	4.89	5.17	5.46
10	2.70	3.05	3.32	3.59	3.86	4.13	4.55	4.84	5.14	5.43
11	2.35	2.68	2.94	3.21	3.47	3.73	4.13	4.42	4.71	4.99
12	2.26	2.61	2.88	3.15	3.41	3.68	4.10	4.40	4.70	4.99

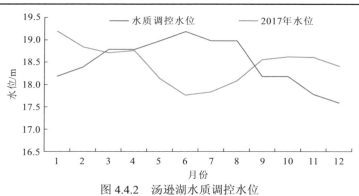

图 4.4.2 汤逊湖水质调控水位

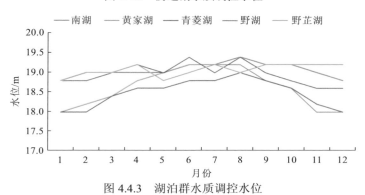

图 4.4.3 湖泊群水质调控水位

4.5 本章小结

本章对造成汤逊湖湖泊群水体污染的主要来源进行了解析,建立湖泊动态水环境容量模型,对湖泊水质调控水位进行了研究。主要研究内容和结论如下。

(1)汤逊湖流域的污染负荷主要包括点源污染、非点源污染、内源污染和大气沉降这四类。汤逊湖 TN 和 TP 全年入湖污染负荷总量分别为 905.30 t 和 95.00 t,丰水期入湖污染负荷以非点源污染为主,枯水期以点源污染为主。南湖和野芷湖水体污染的主要来源是点源污染,黄家湖、野湖和青菱湖水体污染的主要来源是非点源污染。

(2)介绍了湖泊动态水环境容量的研究方法,基于二维水动力-水质模型建立了湖泊动态水环境容量模型,在汤逊湖水系水量平衡分析和湖泊水体水动力与水质模拟的基础上,计算得到了汤逊湖水系内各湖泊 TN 和 TP 全年动态水环境容量结果。研究结果表明,汤逊湖 TN 和 TP 全年的水环境容量分别为 801.57 t 和 50.14 t,南湖 TN 和 TP 全年的水环境容量分别为 212.91 t 和 16.86 t。

(3)根据湖泊群各月入湖污染负荷总量和动态水环境容量对比分析,提出采取削减污染物总量和水位调控相结合的方式来改善湖泊水质,确定了湖泊不同月份 TN 和 TP 入湖污染负荷总量所需的削减量和水质调控水位。研究结果表明,当汤逊湖超标月份 TN 和 TP 入湖污染负荷总量分别削减 151.6 t 和 38.0 t,非汛期水位控制在 17.6~18.77 m,汛期水位控制在 18.77~19.2 m,可保证汤逊湖水质达标。

第5章 基于生境需求的湖泊适宜生态水位

5.1 研 究 方 法

本书选取物理生境模拟法进行湖泊生态水位研究，这种方法考虑了目标生物和湖泊水位的响应关系，被认为是最为依赖于资源的和最有预测性的方法（谭学界，2007）。该方法考虑年内不同物种在不同生命阶段的生境范围变化，从而选择能提供这种生境的水文条件。对于湖泊生态系统而言，珍稀水鸟和水生植物是湖泊湿地的重点保护生物，而水深、水位变化幅度等水文要素是水生生物生态敏感期的影响因子，因此，需要基于水位对水鸟和水生植物生境范围的影响，从而确定不同生长阶段的适宜生态水位过程。

1. 景观类型划分

水位的变化将引起研究区内景观类型的改变，景观类型的变化又将对水鸟和水生植物的空间分布产生影响。因此，湿地生境模拟的基础是掌握湿地景观类型随水位的变化规律。本书通过以下三步对不同水位下湖泊湿地的景观类型进行划分：首先，根据湖泊实测水下地形数据，通过空间插值方法（Aboufirassi and Mariño，1983）建立相应精度的 DEM，确定研究区地形特征和各点高程；其次，利用 DEM，得到不同水位下研究区域内各点水深；最后，将 DEM 与水深分布图叠加，根据水鸟和水生植物对景观类型的需求，可将研究区域内各点的景观类型分为深水、浅水、露滩等不同景观类型。

2. 生 境 模 拟

河道内流量增加法（instream flow incremental methodology，IFIM）最初是由美国鱼类和野生动物服务中心提出的，一种以鱼类为指示物种来研究河流系统生态需水量的方法。本书将其应用到湖泊生态系统，以水鸟和水生植物为指示物种，研究不同水位和目标物种有效生境范围之间的关系。生境模拟基于以下假定：①同一物种的所有个体具备同样的特征，平均占有空间和资源；②在稳定条件下，物种个体选择最合适的条件栖息和生长；③水深、流速、基质和覆盖物是对物种数量和分布造成影响的主要因素；④每个网格的物种适合的生境环境能够通过生境适宜性指数（habitat suitable index，HSI）定量表达；⑤湖底地形条件在模拟过程中保持不变。

调查分析指示物种对水深、流速等环境参数的适应要求，可得到不同水深、流速等参数的生境适宜性指数（用 0～1 表示），根据生境适宜性指数可得到研究区域内适宜生境面积（weighted usable area，WUA），计算公式如下：

$$\text{WUA} = \sum_{i=1}^{n} \text{CSF}(V_i, D_i, C_i) \times A_i \tag{5.1.1}$$

式中：WUA 为适宜生境面积；A_i 是研究区域内第 i 个计算单元的面积；$\text{CSF}(V_i, D_i, C_i)$ 为计算单元的生境适宜性指数，由 V_i、D_i、C_i，即流速、水深、湖床指数（包括底质和覆盖物状况）三者的适宜性指数组合而成，由于湖泊中流速较小，本书仅考虑水深和湖床指数两项参数。CSF_i 有以下三种常用的计算方法：

$$\text{CSF}_i = V_i \cdot D_i \cdot C_i \tag{5.1.2}$$

$$\text{CSF}_i = (V_i \cdot D_i \cdot C_i)^{\frac{1}{3}} \tag{5.1.3}$$

$$\text{CSF}_i = \text{Min}(V_i \cdot D_i \cdot C_i) \tag{5.1.4}$$

其中：式（5.1.2）取每个影响因子的适宜值的乘积，体现了影响因子的综合作用；式（5.1.3）取每个影响因子的适宜值的几何平均值，考虑了各因子间的补偿影响；式（5.1.4）取三个影响因子的适宜值的最小值，考虑影响因素中的最不利值。本书考虑水深和湖床因素的共同影响，由 V_i 和 C_i 两者的乘积作为综合适宜性指数。

3. 生境适宜性指数

生境模型通过生境适宜性指数来量化目标物种特定生命阶段对生境不同物理量的喜好程序，用来表示目标物种的出现频率，适宜性指数介于 0～1，1 代表最适宜状态，0 代表不适合该物种生存，值越大表现适宜性越好。

生境适宜性指数常用的确定方法有二元格式、单变量格式和多变量格式 3 种（图 5.1.1）。二元格式中，适宜性只有 0 和 1 两种，即该区域只有适宜和不适宜物种生存两种状态；单变量格式单独确定每个变量的适宜性，即每个物理影响因子的适宜性值为 0～1 之间的任何值，峰值代表一个变量最合适或最喜爱的范围；多变量格式综合考虑几个变量在同一个计算单元中的适宜性，实质上是确定多个物理影响因子之间的相关性并将其表现为 n 维变量曲线的格式。

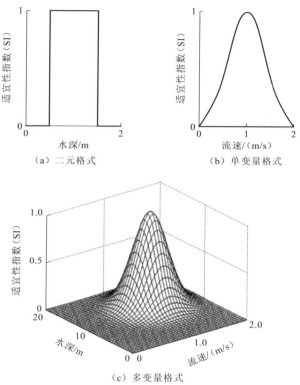

图 5.1.1　三种典型的适宜性曲线（易雨君和张尚弘，2019）

在本书中：对于水鸟来说，将水深小于 60 cm 的浅水区、泥滩地及草洲区域划分为水鸟适宜的栖息地，认为其生境适宜性指数为 1，其他条件下生境适宜性为 0；对于水生植物来说，将露滩地和水深小于 20 cm 的浅水区域、露滩地和水深 0~20 cm、透明度与水深之比大于 0.6 的浅水区域分别作为挺水植物、湿生植物、浮叶植物和沉水植物萌发期的适宜生境，认为其生境适宜性指数为 1，其他条件下生境适宜性为 0。

4. 湖泊适宜生态水位

根据对不同水位下研究区域适宜生境面积计算后，便可绘制水位和适宜生境面积的关系曲线，并预测不同水位下目标物种的分布情况。根据目标物种所需的生境范围，即可得到某一保证率下湖泊适宜生态水位区间。对于水生植物来说，适宜生境面积可以根据水生植被覆盖度来反映，根据水生植被覆盖度恢复目标，得到植物萌发期湖泊的适宜水位区间，进而根据不同生长阶段水位变幅和水位阈值需求，得到其他生长阶段湖泊的适宜水位。

5.2　湖泊生态保护目标

水文条件是湖泊生态系统变化的根本驱动力，水文过程的脉冲式变化产生了不同的生态效应，刺激生态因子完成生命周期更迭。其中，水位是反映湖泊水文情势的重要特征指标，水位调控被认为是湖泊湿地恢复的有效手段（Coops and Hosper，2002；Cooke et al.，1986）。适宜的生态水位是湖泊中水生生物群落正常生存、繁衍和演替，维系生物完整性和生态系统健康状态的重要保障。而湖泊生态水位的确定与生态保护目标有关，只有确定明确的生态目标，才能确定相应的水面面积、水位等参数。生态保护目标的制定应基于生态环境现状，综合考虑生物需求及水文条件加以确定。湖泊生态系统独特的水文特征，决定了其生态环境特点，为水生动植物、水鸟等生物提供了绝佳的栖息繁殖生境，从而蕴涵了丰富的生物资源。

1. 水鸟

汤逊湖有部分沼泽草甸，形成浅湖与沼泽草甸连接的湿地生态系统，为越冬的鹤类、鹭类等珍稀鸟类提供了优良的栖息环境。珍稀鸟类是湖泊生态系统最具指示性的生态因子，其栖息繁殖生境与水面面积、水深有着直接的关系。水域空间不足，沼泽生境退化发生演变，栖息地分布范围压缩，这直接影响着鹤类等珍稀鸟类的栖息和繁殖。

就汤逊湖而言：国家一级保护鸟类有东方白鹳、黑鹳、中华秋沙鸭和金雕这4 种；国家二级保护鸟类有白额雁、鸳鸯、小天鹅、苍鹰、灰鹤、乌雕、白头鹞和白琵鹭这8 种；国家保护的有益或有重要经济科学研究价值的鸟类有49 种。

东方白鹳：每年10 月下旬或11 月上旬迁来汤逊湖，次年3 月下旬到4 月上旬迁往北方繁殖，逗留155～166 d。东方白鹳的越冬种群数量为142～900 只，占全球地理种群数量3 000 只的4.75%～30.00%，主要栖息在湖周边浅水沼泽。

白琵鹭：每年11 月飞来，次年3 月迁离。性机警，常5～7 只或10 多只群栖于湖泊浅水进食或排成一字形长时间站立不动。在区内发现83 只，最大越冬种群407 只，占全球地理种群数量29 500 只的0.3%～1.4%。

白头鹤：每年10 月迁来，直到次年3 月迁离。栖息在湖周边休耕稻田及沼泽地。进食地和夜宿地相对固定，但也截然分开。每年迁来在汤逊湖越冬的白头鹤达60 多只，最大越冬种群127 只，占全球地理种群数量9 500 只的0.7%～1.3%。

2. 水生植物

除水鸟外，水生植物是沼泽湿地的生物群落中必须考虑的关键要素。就汤逊湖湿地而言，水生植物主要分为挺水植物、湿生植物、浮叶植物和沉水植物等这几种类型。汤逊湖植物种类 152 种，有国家二级保护水生植物野莲和野菱等，以苔草、灯芯草、荆三棱、水蓼、红穗苔草、芦苇、荻、茭、莲、槐叶萍、紫萍、浮萍、莕菜、水鳖、芡实、菱、黑藻、金鱼藻、狐尾藻、竹叶眼子菜、苦草、篦齿眼子菜、菹草、茨草等最为常见。

挺水植物：根系生于水体基质，茎和叶绝大部分挺立水面，常分布于 0~1.5 m 的浅水处，以芦苇、香蒲、荷花等为代表。

湿生植物：中生或湿中生植物，土壤为草甸土，以美人蕉、梭鱼草、千屈菜、水生鸢尾、红蓼、狼尾草、蒲草为代表。

浮叶植物：根系着生于水体基质，叶片浮于水面，以莕菜为代表。

沉水植物：根系着生于水体基质，植株沉于水体，包括苦草、金鱼藻、狐尾藻等。

综上，本书根据汤逊湖生态系统调查结果，从保护生物栖息地的角度选取水鸟和水生植物作为湖泊生态保护目标。分析水鸟和水生植物不同生长时期的水位需求，根据目标物种生长所需的水面面积或水深要求核算湖泊生态水位要求，由此确定湖泊适宜生态水位上下限值。

5.3　目标物种生态-水文响应

生态-水文响应关系是指生态要素变化与水文过程之间的相互作用关系。以典型水鸟和水生植物适宜生境为生态保护目标，分析关键物种栖息、生长与水文要素间的定量响应关系，预测不同水位下潜在的适宜生境及物种的空间分布，为湖泊生态水位过程研究提供支撑。

5.3.1　水鸟生境生态-水文响应

1. 水鸟生境适宜范围确定

水鸟栖息地的选择主要受到食物来源的影响，湿地面积和水位波动是影响水鸟丰度的重要因素。水鸟取食主要与鸟的体型（特别是腿、喙及脖子的长度）大小及取食地的可达性有关。汤逊湖越冬水鸟按食性分类可以分为 5 个主要功能群，包括食植物块茎水鸟、食苔草水鸟、食植物种子水鸟、食无脊椎动物水鸟和食鱼水鸟。本书在汇总和分析原有水鸟研究文献（张笑辰，2014；杨云峰，2013；贾亦飞，2013）的基础上，归纳了汤逊湖五种代表性的水鸟觅食功能群的食性和栖息特点（表 5.3.1）。

表 5.3.1　汤逊湖主要水鸟的栖息特点和觅食范围

取食功能群	代表鸟类	取食范围
食植物块茎水鸟（G1）	白鹤、白头鹤、白枕鹤、灰鹤、小天鹅和鸿雁等	水深为 20～60 cm 浅水区和泥滩
食苔草水鸟（G2）	豆雁、白额雁和灰雁等	莎草、禾本群落分布集中的草洲区域
食植物种子水鸟（G3）	绿翅鸭和绿头鸭等	水深 5～25 cm 的浅水区
食无脊椎动物水鸟（G4）	白琵鹭、鹤鹬和黑腹滨鹬等	水深小于 20 cm 的浅水区和泥滩地
食鱼水鸟（G5）	东方白鹳、黑鹳、鹭类和鸥类等	水深小于 60 cm 的浅水区

以栖息地类型分类，总体来说汤逊湖冬季逐步向外随着海拔的增加，呈同心环状由内而外分布着三大类型栖息地。挺水植物、浮游植物及鱼虾等饵料丰富而湖水相对深的水域是鸬鹚、鸥类、普通秋沙鸭等常游弋之所；苦草茂密，无脊椎动物、鱼虾螺蚌及昆虫丰富的浅水泥滩区，是诸多越冬水鸟最为集中的区域，包括鹤类、鹳类、鹭类、鸻鹬类等涉禽和鸿雁，天鹅等游禽；而广阔的草洲，是数以万计的雁类觅食休憩的场所。由此可以看出湿地洲滩和浅水域湿地环境栖息的水鸟种类最多，数量最大，保护价值也最高。

综合主要水鸟的栖息地特点和觅食范围，将水深小于 60 cm 的浅水区、泥滩地及草洲区域划分为水鸟适宜的栖息地。

2. 汤逊湖水位与水鸟适宜生境面积关系

利用汤逊湖实测水下地形数据，通过空间局部插值法生成栅格尺寸为 30 m×30 m 的 DEM，如图 5.3.1 所示。

借助 ArcGIS 中栅格计算器工具，可将汤逊湖天然湿地分为深水、浅水、泥滩、沙地和草洲 5 种景观类型，分别选取湖泊水位（Z）16.0～18.0 m、间隔 0.5 m 的水位分布，几种典型特征水位下的湿地景观类型和分布如图 5.3.2 所示，根据式（5.1.1）可计算得到不同特征水位下水鸟适宜生境面积，由此绘制水位和适宜生境面积关系曲线，如图 5.3.3 所示。其中：浅水指水深小于 60 cm 的区域，水生动物和植物块根等食物比较丰富，是大型涉禽和中小型游禽等觅食的重要空间；泥滩指无植被生长（但根系存活），且含水量近饱和的湿润地区，一般位于水面以上 20 cm，这些区域有利于长喙水鸟啄入泥中觅食，特别是大型涉禽如鹤、鹳科和以底栖软体动物为食的鹬科等；沙地指暂无植被生长、含水量低，泥土硬化或龟裂，不适于水鸟栖息觅食；草洲指秋冬季湖滩退水后生长苔草、芦苇、南荻等湿地植物的洲滩，一般处于高程 17.0～20.8 m，是雁鸭类、鸻鹬类和鹤鹳等多数水鸟栖息夜宿的重要场所。

通过适宜生境面积大小的变化来量化不同的水位对水鸟栖息地的影响，从不同特征水位下汤逊湖景观分布（图 5.3.2）及水位与水鸟各类型适宜生境面积的关系（图 5.3.3）可以看出：①汤逊湖湿地的越冬水鸟生境从湖心往外沿高程形成以深水、浅水、泥滩、沙地和草洲的环状分布带。②当汤逊湖水位为 18.0 m 时，汤逊湖大部分湖区被深水淹没。③汤逊湖湿地的越冬水鸟生境受水位的影响非常显著，总生境面积随水位变化呈现先增加后减少的趋势，当水位为 16.2 m 时，总生境面积最大，当水位大于 16.2 m 时，总生境面积随水位增加迅速减少。④在低水位下，浅水生境面积随水位的增加而增加，当水位为 16.2 m 时，达到最大面积，并随水位增加而减少；水位越低，沙地面积越大，将对湖泊的景观功能造成一定影响；泥滩和草洲生境与水位都呈显著线性负相关。

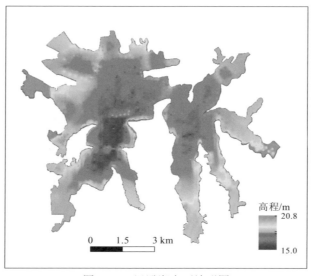

图 5.3.1 汤逊湖水下地形图

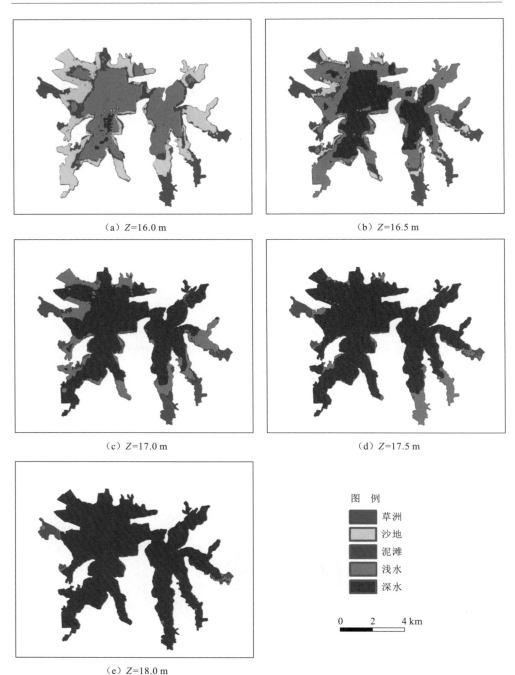

（a）Z=16.0 m　　　　　　　　　　　　（b）Z=16.5 m

（c）Z=17.0 m　　　　　　　　　　　　（d）Z=17.5 m

（e）Z=18.0 m

图 5.3.2　不同特征水位下汤逊湖景观分布

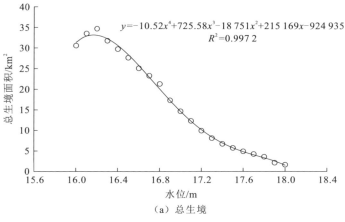

$$y=-10.52x^4+725.58x^3-18\ 751x^2+215\ 169x-924\ 935$$
$$R^2=0.997\ 2$$

（a）总生境

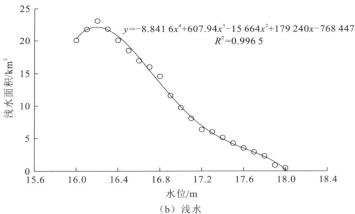

$$y=-8.841\ 6x^4+607.94x^3-15\ 664x^2+179\ 240x-768\ 447$$
$$R^2=0.996\ 5$$

（b）浅水

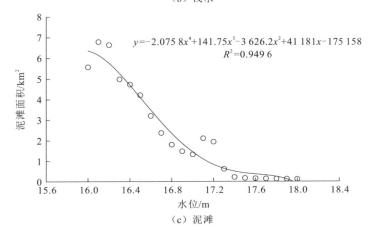

$$y=-2.075\ 8x^4+141.75x^3-3\ 626.2x^2+41\ 181x-175\ 158$$
$$R^2=0.949\ 6$$

（c）泥滩

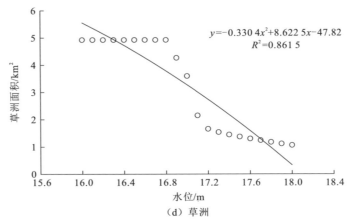

$$y = -0.330\,4x^2 + 8.622\,5x - 47.82$$
$$R^2 = 0.861\,5$$

（d）草洲

图 5.3.3　汤逊湖水位与越冬水鸟不同类型适宜生境面积的关系

5.3.2　水生植物生态-水文响应

1. 水生植物适宜生境范围确定

湖滨带是水生植物的集中分布区，是湖泊流域陆地生态系统与水生生态系统间十分重要的生态过渡带，是湖泊的天然保护屏障。湖滨带水陆交错带的空间范围主要取决于周期性的水位涨落导致的湖滨的干—湿交替变化。从湖泊浅水区域向岸边依次分布着沉水植物、浮叶植物、挺水植物和湿生植物等（图 5.3.4），在沿湖岸边和湖泊浅水处，形成湿生植物带和挺水植物带，往湖心方向随着水深增加，逐渐形成浮叶植物带和沉水植物带。

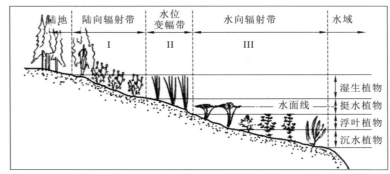

图 5.3.4　湖滨带植物分布

水生植物的生长繁殖与水位波动休戚相关，不同时期对水位有不同的需求。根据亚热带湖泊水生植物特征，将其生长时期分为萌发期、幼苗生长期、生长扩散期、成熟期、种子传播期和休眠期等 6 个阶段。其中，萌发期的水位条件是决定水生植物能否再生的关键因素，对水生植物的生长和分布起着至关重要的作用。本书在汇总和分析水生植物研究文献（刘学勤 等，2016；张晓可，2013；刘永 等，2006）的基础上，归纳了汤逊湖水生植物萌发期的水位需求和萌发条件见表 5.3.2。

表 5.3.2　汤逊湖主要水生植物萌发期的水位需求和萌发条件

水生植物种类	代表植物	萌发期的水位需求和萌发条件
挺水植物	芦苇、香蒲等	土壤湿度较高的露滩及水深不宜超过 20 cm 的浅水区域
湿生植物	千屈菜、水生鸢尾、红蓼、狼尾草、蒲草等	水面以上土壤湿度较高的露滩
浮叶植物	浮萍、睡莲、荇菜、菱等	水深 0～20 cm 的浅水区域
沉水植物	苦草、金鱼藻、狐尾藻等	透明度与水深之比大于 0.6 的浅水区域

湖泊水生植物各生长时期的水位波动需求见表 5.3.3［整理自（Zhang et al., 2014；陈昌才，2013；张晓可，2013）］。研究可知：2～3 月为种子萌发期，需保持较低的水位以增加露滩面积；4～5 月为幼苗生长期，适宜保持中等水位，需保持水位稳定并缓慢上涨，月上涨幅度应控制在 0.6 m 以内；6～7 月为生长扩散期，适宜保持高水位，一方面促进水生植物分布范围向外扩展，另一方面可以防止湖滨带萎缩，但水位上涨速率不宜过快，不宜超过 5 cm/d，且不能超过挺水植物顶部；8～9 月为成熟期，适宜保持高水位，水位需要上涨以淹没湿生植物区域，防止陆生植物入侵及湖泊沼泽化，但最高值不能超过湖泊最高控制水位；10～11 月为种子传播期，适宜保持中等水位，须保持水位稳定并缓慢下降，下降速率不超过 3 cm/d，促进种子的成熟和传播；12 月～次年 1 月是湖泊植物的休眠期，适宜保持低水位。

表 5.3.3　湖泊水生植物年内的水位波动需求模式

时间	阶段	适宜水位	水位波动速率要求
2～3 月	萌发期	低水位	挺水植物萌发水深不宜超过 20 cm，沉水植物萌发要求透明度与水深之比大于 0.6，且萌发期水位应高于湖泊历年最低水位
4～5 月	幼苗生长期	中等水位	沉水植物适宜生长在 1～1.5 m 水深，保持水位稳定并缓慢上涨，上涨速率不得超过 2 cm/d。

时间	阶段	适宜水位	水位波动速率要求
6～7 月	生长扩散期	高水位	保持水位稳定并缓慢上涨,上涨速率不宜超过 5cm/d,且不得超过挺水植物顶部
8～9 月	成熟期	高水位	上涨速率不宜超过 5 cm/d,水位需要上涨以淹没湿生植物区域,防止陆生植物入侵及湖泊沼泽化,生态水位的低值需大于或等于多年平均水位,最高值不超过湖泊最高控制水位
10～11 月	种子传播期	中等水位	下降速率不超过 3 cm/d
12 月～次年 1 月	休眠期	低水位	下降速率不超过 3 cm/d

2. 汤逊湖水位与水生植被覆盖度关系

水生植被覆盖度是指湖泊中水生植被面积占湖泊总面积的百分比,是湖泊生态系统中水生植物生长状况的重要指标。本书将其作为湖泊生态水位调控中的重要生态恢复目标。

湖泊湿地生态系统中水生植物的分布与萌发期水位有着密切关系(van der Valk et al.,1994;Spence,1982),可以根据萌发期的水位计算水生植被覆盖度,计算步骤如下:

步骤 1:建立湖泊水位(Z)与水面面积(A)之间的关系。

根据湖泊水下地形数据,可以计算出不同水位(Z)对应的水面面积(A),从而得到 Z 与 A 的函数关系,并表示为 $A=f(Z)$,如图 5.3.5 所示。

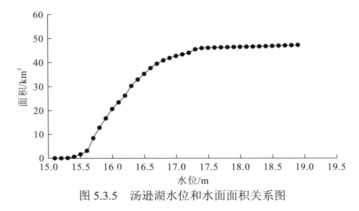

图 5.3.5 汤逊湖水位和水面面积关系图

步骤 2:计算湖泊的水生植被覆盖度。

2～3 月的露滩是适宜于湿生植物和挺水植物萌发和生长的区域,露滩面积可以根据湖泊正常水位（Z_c）与萌发期间水位（Z_g）之间的湖底面积计算得到。此外，挺水植物和浮叶植物还可以在水深不足 20 cm 的浅水区域萌发。因此，湿生植物、挺水植物和浮叶植物可萌发的高程分布为(Z_g−0.2 m)到 Z_c。

只有当透明度（SD）与水深之比大于 0.6 时，沉水植物才能发育，因此沉水植物可萌发的最低高程为 Z_g−SD/0.6，沉水植物的高程分布为(Z_g−SD/0.6)到 Z_g，与湿生植物和挺水植物部分重叠。

因此，沉水植物、湿生植物和挺水植物可萌发的高程分别为(Z_g−SD/0.6)～Z_g、Z_g～Z_c 和(Z_g−0.2 m)～Z_c。水生植物可萌发的最低高程为 Z_g−SD/0.6 和 Z_g−0.2 m 的最小值，即高程为 min((Z_g−SD/0.6), (Z_g−0.2 m)～Z_c)～Z_c。根据函数 $A=f(Z)$ 可以计算出相应的湖底面积，即水生植物的萌发面积。因此，湖泊的水生植被覆盖度（C）计算如下：

$$C = \frac{f(Z_c) - \min\left(f\left(Z_g - \frac{SD}{0.6} \right), f(Z_g - 0.2) \right)}{f(Z_c)} \times 100\% \tag{5.3.1}$$

汤逊湖的正常蓄水位 Z_c 为 17.65 m，汤逊湖水位与露滩面积关系如图 5.3.6 所示。根据实测数据，汤逊湖 2～3 月透明度 SD 约为 50 cm，由于沉水植物萌发和正常生长的透明度与水深之比应大于为 0.6，所以沉水植物可萌发的最大水深约为 0.8 m；而挺水植物和浮叶植物萌发的最低水位为水下 20 cm。

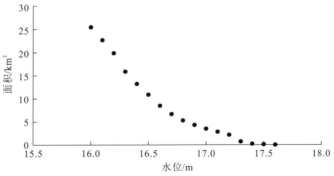

图 5.3.6　汤逊湖水位和露滩面积关系图

给定萌发期水位 Z_g 为 16.5～17.7 m，以 0.1 m 为步长，根据式（5.3.1）可计算得到不同萌发期水位对应的水生植被覆盖度，水位和植被覆盖度关系式为 $C=27.82Z^2 - 1\,011Z + 9\,190.9$（16.5 m≤$Z$≤17.7 m），其中，$C$ 为水生植被覆盖度，Z 为萌发期水位，如图 5.3.7 所示，不同萌发期水位下预测的汤逊湖水生植被分布图如图 5.3.8 所示。可以看出，萌发期水位越低，水生植被覆盖度越大。在水生植物种子萌发期（2～3 月），保持较低的水位可以给水生植物提供充足的光照条件，且低水位时露滩面积较大，可以促进植物种子和繁殖体的萌发。当萌发期水位为 16.8 m 时，露滩面积达到 6.3 km²，湿生植物、挺水植物和沉水植物可萌发的高程分别为 16.8～17.65 m、16.6～17.65 m 和 16.0～16.8 m，水生植被面积分别为 6.3 km²、8.5 km² 和 20.2 km²，此时水生植被萌发区域总面积为 26.5 km²，水生植被覆盖度达到 56.1%。当水位超过 17.6 m 时，露滩面积逐渐趋于 0，湿生植物全部淹没，不能萌发和生长，此时水生植被覆盖度小于 13.4%。

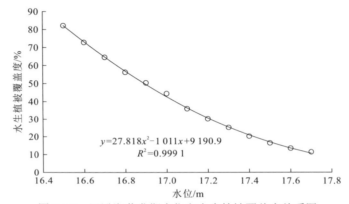

图 5.3.7 汤逊湖萌发期水位和水生植被覆盖度关系图

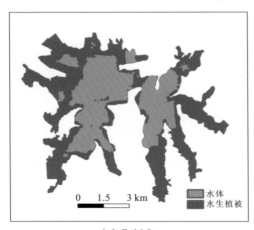

（a）Z=16.8 m

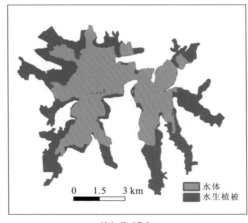

（b）Z=17.0 m

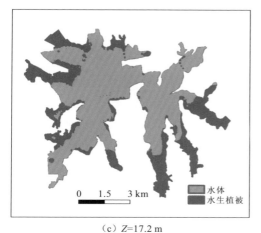
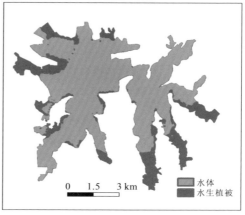

（c）Z=17.2 m　　　　　　　　　　　　　（d）Z=17.4 m

图 5.3.8　不同萌发期水位下水生植被预测分布图

5.4　汤逊湖适宜生态水位研究

汤逊湖生态水位研究主要针对水鸟栖息的水域空间和水生植物生长的适宜水位需求，分别核算不同水位条件下水鸟和水生植物的生境范围分布，建立有效生境面积与水位定量关系曲线，进而确定汤逊湖全年生态水位过程。

5.4.1　基于水鸟生境的适宜生态水位

根据汤逊湖生态调查资料，每年的 10～11 月，大批水鸟陆续到达汤逊湖，春季离开的时间在 3 月末～4 月初，因此，10 月～次年 3 月是决定水鸟去留的关键时期，此时湖泊生态水位的确定可根据水鸟栖息地水位需求来确定。该时期为湖泊枯水期，洲滩逐渐显露，水生植物枯死，其残体布满洲滩，可作为水鸟越冬的食物。由 5.3.1 小节水位与越冬水鸟适宜生境面积的关系（图 5.3.3）可知，水鸟适宜生境面积和可觅食范围受湖泊水位变化影响较大，当水位大于 16.2 m 时，湖泊水位升高，水鸟适宜生境面积和可觅食范围呈现出明显减少的趋势，主要表现在浅水区域和草洲面积的减少。当水位升高到 18.0 m 时，水鸟适宜生境面积为 1.7 km²，占湖泊总面积的 3.6%，当水位持续升高时，将淹没大部分水鸟的栖息地，尤其是鱼虾富集的浅水区，将不利于水鸟的生长和繁殖。当水位低于 16.8 m 时，浅水区域和洲滩面积占湖泊总面积的 44.1%，深水区域面积仅为 26.3 km²，此时有利于水生植物的生长和水鸟的栖息，但湖泊存在沼泽化的风险。因此，可确定汤逊湖 10 月～次年 2 月适宜水鸟生存的水位为 16.8～18.0 m。

5.4.2　基于水生植物的适宜生态水位

每年 2～3 月为水生植物种子萌发期，对于湖泊水生植物生长和分布至关重要，该时期生态水位的确定可依据水生植被覆盖度保护目标和水生植物萌发期水位需求进行核算，进而确定幼苗生长期、生长扩散期、成熟期、种子传播期和休眠期等其他生长阶段所需水位。同时，湖泊水位以不超过挺水植物顶部为原则限制最高水位。

（1）植被覆盖度恢复目标。依据历史资料和 2.4.3 小节研究结果，汤逊湖在 2000 年以前分布有较多的水生植物，2000 年以后汤逊湖水生植物有所减少，部分年份水生植被覆盖度不到 10%。近年来，由于湖泊水域面积萎缩、湖滨带生境破坏和水体富营养化加重等原因，武汉市湖泊中水生植物群落退化严重，特别是沉水植物面积萎缩严重，群落结构简单化。根据《南湖水环境治理与岸线建设规划方案》，南湖生态修复目标为水生植被覆盖度不小于 30%，参考南湖修复目标，设定汤逊湖保护目标为水生植被盖度达到 20%～30%。

（2）适宜生态水位过程。根据萌发期水位和水生植被覆盖度关系式 $C = 27.82Z^2 - 1\,011Z + 9\,190.9$（16.5 m≤$Z$≤17.7 m），可计算得到水生植被覆盖度为 20% 和 30% 时，萌发期所需水位分别为 17.4 m 和 17.2 m，因此，确定萌发期（2～3 月）适宜生态水位为 17.2～17.4 m。

同时，挺水植物生长过程中水位不能没顶，以芦苇为例，芦苇是喜水性植物，一定的地表淹水有利于芦苇的生存，但长时间淹没式淹水并不利于芦苇种群数量的稳定。尤其是芦苇幼苗耐水性较低，只适合在较浅水深中生长。因此，需要分析从发芽到成熟期的生长状况，建立芦苇植株的高度随生长时间的变化规律，如图 5.4.1 所示。通过芦苇高度与生长时间的关系，可确定水生植物各生长时期的水位上限。

4～5 月幼苗生长期，沉水植物适宜生长在 1～1.5 m 水深，最低水位按植物生长需求保持缓慢上升，最高水位保持水位稳定并缓慢上涨，控制月上涨幅度不超过 2 cm/d，且不超过芦苇顶部，即控制上涨水位不超过 20～45 cm；6～7 月为生长扩散期，最低水位保持水位稳定上升，最高水位不能超过芦苇顶部，即水深不宜超过 2.0 m，最高水位不宜超过 18.9 m；8～9 月为成熟期，适宜保持高水位，

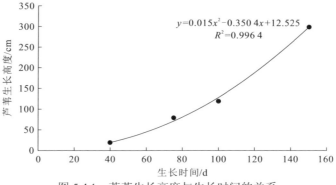

$$y=0.015x^2-0.350\ 4x+12.525$$
$$R^2=0.996\ 4$$

图 5.4.1　芦苇生长高度与生长时间的关系

但最高值不宜超过 19.1 m；10～11 月种子传播期，保持水位平稳下降，下降速率不超过 3 cm/d；12 月～次年 1 月植物休眠期，水位逐渐下降，保持低水位，由此得到全年适宜水位过程，见表 5.4.1。

表 5.4.1　水生植物适宜水位过程

项目	1 月	2 月	3 月	4 月	5 月	6 月	7 月	8 月	9 月	10 月	11 月	12 月
上限/m	17.7	17.4	17.4	17.6	17.8	18.4	18.9	19.1	19.1	18.9	18.5	18.3
下限/m	17.2	17.2	17.2	17.4	17.6	17.8	18.3	18.3	18.3	18.1	17.8	17.5

5.4.3　汤逊湖适宜生态水位过程

以水鸟和水生植物作为汤逊湖生态保护目标，水生植物萌发期与水鸟生长期部分重合，水生植被的生长可为珍稀水禽栖息繁殖提供最佳生境，因此湖泊生态水位的确定，应以水生植物生长水位要求为主。结合各生态敏感期对应时段，10 月～次年 1 月以水鸟繁殖、栖息生境为关键保护目标，水鸟生长期适宜生态水位为 16.8～18.0 m；2～3 月为水生植物萌发期，以水生植被覆盖度为关键保护目标，水生植被萌发期适宜生态水位为 17.2～17.4 m。同时，为维持水生植物幼苗生长期、生长扩散期、成熟期、种子传播期和休眠期等其他生长阶段的正常生长，应根据不同生长阶段的水位需求确定适宜的水位变幅和变动时间，且保证水位不超过挺水植物的顶部。综合以上因素考虑，可得到汤逊湖全年适宜生态水位过程如图 5.4.2 所示。

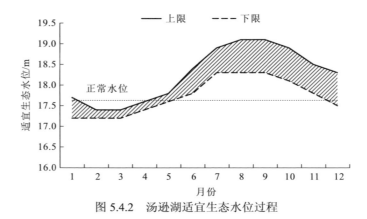

图 5.4.2　汤逊湖适宜生态水位过程

5.5　本 章 小 结

本章结合汤逊湖生态环境现状，确定了生态保护目标，进而开展目标物种栖息地范围分析，建立目标物种物理栖息地模型，分析关键物种适宜生境面积与水位的定量关系，根据目标物种不同生长阶段水位需求，确定了湖泊适宜生态水位过程。主要研究内容如下。

（1）根据汤逊湖生态系统调查结果，从保护生物栖息地的角度选取水鸟和水生植物作为汤逊湖生态保护目标。

（2）综合主要水鸟的栖息地特点和觅食范围，将水深小于 60 cm 的浅水区、泥滩地及草洲区域划分为水鸟适宜的栖息地范围。从水鸟对环境的需求特性入手，建立了湖泊水位与水鸟适宜生境面积之间的关系，确定了不同特征水位下水鸟的栖息范围。研究结果表明，汤逊湖湿地的越冬水鸟适宜生境受水位的影响非常显著，总生境面积随水位变化呈现先增加后减少的趋势，当水位为 16.2 m 时，总生境面积最大，当水位大于 16.2 m 时，总生境面积随水位增加迅速减少，具体表现在浅水区域和草洲面积的减少。

（3）水生植物的生长分为萌发期、幼苗生长期、生长扩散期、成熟期、种子传播期和休眠期等六个阶段，其中萌发期是决定水生植物分布规律的关键时期。以水生植被覆盖度作为湖泊生态水位调控中的关键恢复目标，建立了萌发期水位与水生植被覆盖度之间的定量关系，并预测了不同特征水位下水生植物的分布规律。研究结果表明，萌发期水位越低，水生植被覆盖度越大。当水位超过 17.4 m

时，露滩面积逐渐趋于 0，水生植被覆盖度小于 18.5%。

（4）10 月～次年 1 月以水鸟繁殖、栖息生境为关键保护目标，2～3 月以水生植物萌发期水位需求作为关键保护目标，从目标物种不同生长阶段对水深、水位变幅的需求入手，研究确定了汤逊湖全年的适宜生态水位过程。

第6章　湖泊水系优化调度研究

6.1　研究方法

6.1.1　湖泊综合控制水位的概念

城市湖泊在城市建设中承担了防洪排涝、供水水源、水体自净化、生态走廊、文化承载、旅游景观、水产养殖、改善城市环境等综合性功能。各功能之间相互作用、相互影响,使得湖泊功能得以充分发挥。其中,水位条件是保证湖泊生态系统各项功能充分发挥的重要决定因素。由于各项功能对湖泊水位的需求不同,难免在水位调控问题上产生矛盾。水位调控的目标就是协调好湖泊各项功能对水位的要求,实现湖泊调蓄、灌溉、养殖、景观、航运等功能和水资源环境的保护。

湖泊综合控制水位是通过人为控制将城市湖泊形态、水面面积维持在一定幅度并与湖泊防洪安全、水景观功能区划相适应,保障城市湖泊防洪排涝、灌溉、供水、生态、环境、景观等多重功能有效发挥的水位运行控制方案。在本书中,重点考虑湖泊防洪排涝、环境友好和生态景观等功能需求,暂不考虑灌溉和供水安全等其他功能的影响。

理想状态下应将湖泊综合控制水位的确定转化为求解多目标函数的全局最优解。然而,现实中人们还不能准确定义湖泊所有功能的目标函数,尤其是对生态景观功能的研究才刚刚起步,相关理论尚未成熟,一切都还在探讨之中。因此,用求解多目标决策的手段来解决湖泊综合控制水位这一复杂的系统问题并不现实。目前比较可行、可信的途径是将其转化为求解有限方案集的多属性决策。

湖泊综合控制水位的多属性决策就是在预先设定好的水位调控方案中进行评价优选。其中涉及的关键技术主要有:①综合控制水位方案的设定;②评价指标体系的建立。

6.1.2　综合控制水位方案的设定

对于大多数的城市浅水湖泊来说，一般包括防洪排涝、环境友好和生态景观等多种功能，不同湖泊的重要次序有所不同。湖泊功能与控制水位之间存在如下关系：防洪排涝功能需设置汛期蓄水的上限，以腾空足够的蓄水容积；生态景观功能需设置全年蓄水的上限和下限，以确保水生动植物的正常生长和繁殖；环境友好功能需设置全年蓄水的下限，以赋予水体一定的纳污能力。

汛期防洪排涝所要求的蓄水上限往往与生态、环境、灌溉、供水等功能需求相冲突，非汛期生态保护所要求的蓄水上限和下限值也会与灌溉、供水等功能需求相矛盾。而综合控制水位方案的设定就是以破解各类矛盾为目的，在防洪蓄涝、生态景观、水质调控等单一功能控制水位确定的基础上，对汛期、非汛期各种控制水位有矛盾的月份进行等步长离散，从而构成"湖泊综合控制水位方案决策"的有限解集。

6.1.3　评价指标体系的建立

本书主要考虑汤逊湖的防洪排涝、环境友好、生态景观功能，以湖泊综合功能最佳为主要目标，以"防洪安全、生态健康、景观亲近、环境友好"四大主要功能为准则，建立评价指标体系，见表 6.1.1。

表 6.1.1　湖泊综合控制水位方案评价指标体系表

目标层	准则层	指标层	单位	性质
湖泊综合功能最佳	防洪排涝功能	设计标准下需分洪的水量	万 m^3	↓
		设计暴雨下湖泊最高水位	m	↓
	生态功能	水生植被覆盖度	%	↑
		水鸟适宜生境面积	km^2	↑
	景观功能	年平均水面面积	km^2	↑
	环境功能	关键评价因子浓度值	mg/L	↓
		关键评价因子环境容量	t/a	↑

注：↓一般情况下为逆指标，表示越小越好。

6.2 湖泊多目标综合控制水位研究

城市湖泊承担的多种任务之间既具有统一性，又具有矛盾性。因此，湖泊综合水位的确定必须遵循统筹考虑、突出重点的原则，综合协调城市湖泊的各种功能及任务，选择合适的控制水位，使其发挥最大的社会、经济与生态效益。

6.2.1 非汛期湖泊综合水位研究

在非汛期（10 月～次年 4 月），湖泊主要承担景观娱乐、航运、生物多样性维护等任务。水位持续波动可带来动态水位差，有效形成动态的局部流场，加快水体交换，增强水体流动性，改善湖泊水动力条件，水位的提高可增强湖泊水环境容量，进而有效改善湖泊水质，缓解湖泊富营养化状况，提高湖泊健康保障能力。对于城市湖泊，为充分发挥其生态景观、休闲娱乐功能，可适当抬高湖泊水位，营造良好水生态空间和水景观，满足旅游、通航等需求。另一方面，在保证湖泊最低生态水位基础上，应适当降低冬、春季湖泊水位，增加露滩面积，为鱼类产卵和水生植物种子萌发提供适宜场所和温度、光照等条件，同时可通过晒底对湖泊底质环境进行改善。因此非汛期城市湖泊综合控制水位计算模式为

$$\max(Z_{水质}, Z_{生态下限}, Z_{景观}) \leqslant Z \leqslant Z_{生态上限} \qquad (6.2.1)$$

式中：$Z_{水质}$ 为湖泊水质调控水位，是使湖泊水质达标的最低水位；$Z_{景观}$ 为维持城市湖泊景观功能要求的最低水位，一般由休闲活动平台确定；$Z_{生态上限}$ 和 $Z_{生态下限}$ 分别为维持湖泊水生植被覆盖度和水鸟栖息地的最高水位和最低水位。

根据前面章节研究结果，汤逊湖不同月份满足各项功能的特征水位如图 6.2.1 所示。从提高湖泊水质的角度来说，水位越高，湖泊水环境容量越大，对湖泊水质的改善越有利。根据第 4 章湖泊水质调控水位的研究结果，为保证汤逊湖水质保持 III 类水标准，1～4 月湖泊水位须控制在 18.2～18.8 m，10～12 月湖泊水位需控制在 17.6～18.4 m。

从生态保护的角度来看，2～3 月为种子萌发期，10 月～次年 1 月为水鸟繁殖和栖息的关键时期，需保持较低的水位以增加露滩面积，以提高水生植被覆盖度和水鸟栖息地范围，但水位下限值又不能无限制的低，当水位低于 16.8 m 时，沉水植物比例过低，湖泊存在沼泽化的风险。根据第 5 章湖泊生态水位的研究结果，汤逊湖 2～3 月生态适宜水位为 17.2～17.4 m，10～12 月生态适宜水位为 17.5～18.9 m。

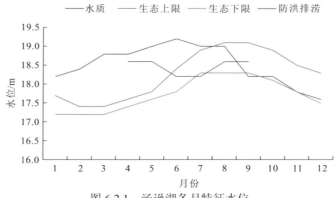

图 6.2.1　汤逊湖各月特征水位

汤逊湖作为城中湖承载了重要的休闲娱乐与观光的功能，汤逊湖风景区为居民和游客亲近水面而建设的主要设施为休闲活动平台，如涉水池平台、观景平台、木栈道、景观桥、驳岸平台等。根据实测高程数据，汤逊湖沿岸亲水平台最低高程约为 19.5 m。研究表明：当亲水平台距离水面 0.3～1.5 m 时，亲水性较好；当亲水平台距离水面大于 1.5 m 时，亲水性较差，接近水面较困难。因此，结合汤逊湖旅游规划与湖泊特点，综合各种资料分析，汤逊湖景观水位的可行区间为 18.0～19.2 m，此时汤逊湖水域面积宽广，可提供给人类更多亲近水的空间和机会。

综合以上汤逊湖不同功能所需的水位分析，10～12 月，考虑生态、水质改善和景观等功能要求的最低水位，以及生态功能要求的水位上限，根据式（6.2.1），确定汤逊湖非汛期综合水位，见表 6.2.1。在 1～4 月，汤逊湖水质和景观所需的水位下限高于生态水位上限，因此汤逊湖水位难以同时兼顾这两种功能的充分发挥。为避免汤逊湖出现水质恶化，同时为避免生态功能严重受损，该时期的综合水位下限选取水质调控水位和生态水位的平均值，见表 6.2.1。

表 6.2.1　汤逊湖非汛期综合水位

水位	1 月	2 月	3 月	4 月	10 月	11 月	12 月
下限/m	17.8	17.9	18.1	18.2	18.2	18.0	18.0
上限/m	18.2	18.4	18.8	18.8	18.8	18.5	18.3

6.2.2　汛期湖泊综合水位研究

在汛期（5～9 月），防洪排涝是湖泊的主要协调目标，同时还必须兼顾湖泊的水环境和生态景观效益。湖泊各功能对汛期水位的要求不同。从水环境和景观要求角度来看，水位越高，湖泊水环境容量越大，水质越优，亲水性越好，景观效果越理想；从防洪排涝角度来看，汛前水位越低，越有利于调蓄洪峰和涝水出流；从生态角度来看，为保证水生植物正常生长，水位应适宜，不能过高也不能过低；从水资源利用要求角度，为了储蓄、利用水资源，水位应尽量高。

合理的汛期湖泊运行水位，既要保证湖泊调洪蓄涝的安全和城市管网排水的畅通，还要尽最大可能维持湖泊良好的水环境和生态景观效果，充分发挥湖泊的水资源综合利用效益。因此，汛期城市湖泊综合控制水位计算模式为

$$\max(Z_{水质}, Z_{生态下限}, Z_{景观}) \leqslant Z \leqslant \min(Z_{排涝}, Z_{生态上限}) \tag{6.2.2}$$

式中：$Z_{水质}$ 为湖泊水质调控水位，是使湖泊水质达标的最低水位；$Z_{景观}$ 为维持城市湖泊景观功能要求的最低水位；$Z_{排涝}$ 指为保证区域防洪排涝安全，湖泊所允许的最高水位；$Z_{生态上限}$ 和 $Z_{生态下限}$ 分别为维持湖泊水生植被覆盖度和水鸟栖息地的最高水位和最低水位。

根据第 3 章研究结果，为保证湖泊的防洪安全，在湖泊汛期（6~8 月）水位应低于湖泊的调度水位，其中前汛期（5 月）、主汛期（6~7 月）和后汛期（8~9月）调度水位分别为 18.6 m、18.2 m 和 18.6 m；根据第 4 章湖泊水质调控水位的研究结果，为保证汤逊湖水质保持 III 类水标准，5~9 月湖泊水位须控制在 18.2~19.2 m；从生态角度来看，为维持水生植物幼苗生长期、生长扩散期和成熟期等其他生长阶段的正常生长，应根据不同生长阶段的水位需求确定适宜的水位变幅和变动时间，且保证水位不超过挺水植物的顶部。

根据以上原则，确定汤逊湖汛期综合控制水位，见表 6.2.2。由此得到湖泊综合控制水位如图 6.2.2 所示。与汤逊湖规划常水位 17.65 m 相比，本书确定的综合控制水位区间处于动态变化过程，略高于规划水位，因此，建议适当抬高湖泊正常蓄水位，将非汛期正常水位提高至 18.5 m，汛期水位控制在 18.2 m，可在保证安全的前提下，使水资源得到更充分利用。此外，12 月~次年 1 月可在保证生活用水及农业灌溉的条件下，适当降低汤逊湖水位，这样可得到更多露滩面积，有利于水生植物的生长和水鸟的栖息。

表 6.2.2   汤逊湖汛期综合控制水位

项目	5 月	6 月	7 月	8 月	9 月
下限/m	18.0	18.0	18.2	18.3	18.3
上限/m	18.6	18.2	18.2	18.6	18.6

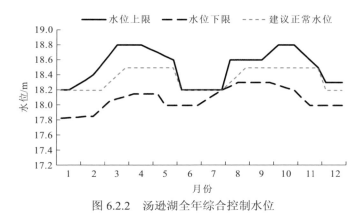

图 6.2.2　汤逊湖全年综合控制水位

6.2.3　合理性分析

1. 可达性分析

汤逊湖 2016～2018 年实测水位和综合控制水位对比图，如图 6.2.3 所示，从历史水位分布情况来看，汤逊湖水位主要处于 17.6～19.5 m。根据汤逊湖综合控制水位研究结果，可行的水位区间为 17.8～18.8 m，处于历史水位区间范围内，说明确定的综合控制水位较为合理。

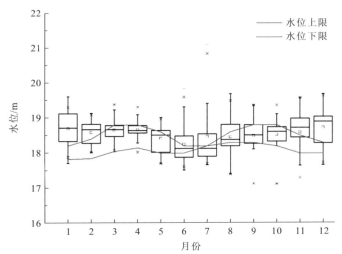

图 6.2.3　汤逊湖 2016～2018 年水位箱形图和综合控制水位对比

"–"表示最大值和最小值；"×"表示 1%和 99%分位数；"□"表示平均值

进一步从降雨的角度来分析湖泊水位的可达性，以最低水位 17.8 m 作为初始水位，计算汤逊湖达到综合控制水位所需的降雨量，根据 1960～2016 年逐月降雨实测数据，汤逊湖各月水位达到其综合控制水位下限所需的降雨保证率均在 85%以上，达到综合控制水位上限所需的降雨保证率均在 10%以上。正常水位 3 月从 18.2 m 抬高到 18.5 m 所需的降雨保证率为 73%，8 月从 18.2 m 抬高到 18.5 m 所需的保证率为 65%，可有效保证湖泊的正常水位。

2. 水质影响分析

根据表 6.2.1 和表 6.2.2 中确定的汤逊湖综合水位区间计算得到湖泊 TN 和 TP 动态水环境容量上限和下限，见表 6.2.3，可以看出，如果按研究确定的综合水位来调控，3 月、4 月、6 月、8 月和 9 月汤逊湖 TN 入湖污染负荷总量大于水环境容量，除 11～12 月外，其余月份 TP 入湖污染负荷总量均大于水环境容量，仅通过水位调控，湖泊水质难以满足 III 类水质标准，因此，在水位调控的基础上，还需进一步对 TN 和 TP 入湖污染负荷总量进行削减，需削减污染量见表 6.2.3。

表 6.2.3 汤逊湖动态水环境容量和入湖污染负荷总量 （单位：t）

	水质指标	1 月	2 月	3 月	4 月	5 月	6 月	7 月	8 月	9 月	10 月	11 月	12 月
TN	环境容量下限	46.4	44.6	65.6	75.0	51.9	75.0	53.9	79.6	60.9	56.8	45.7	43.9
	环境容量上限	54.5	55.3	82.0	88.9	64.1	78.9	53.9	85.7	66.7	73.4	55.4	49.9
	入湖污染负荷总量	51.1	53.7	85.7	116.6	61.8	130.9	53.8	129.9	80.9	69.8	36.9	34.1
	需削减污染量	0.0	0.0	3.7	27.7	0.0	35.9	0.0	31.3	1.6	0.0	0.0	0.0
TP	环境容量下限	2.9	2.9	4.0	4.5	4.4	3.3	3.5	4.8	3.8	3.6	2.9	2.9
	环境容量上限	3.5	3.5	5.1	5.4	4.7	5.0	3.5	5.2	4.2	4.7	3.6	3.3
	入湖污染负荷总量	5.2	5.4	9.5	12.9	6.0	15.0	4.7	14.5	8.2	7.0	3.5	3.1
	需削减污染量	1.7	1.9	4.4	7.5	1.1	9.3	0.2	8.4	3.2	2.3	0.0	0.0

3. 水生态影响分析

2～3 月为水生植物种子萌发期，水位的高低决定水生植被分布范围和植被覆盖度大小。根据萌发期水位和水生植被覆盖度关系（图 5.3.7），当 2～3 月汤逊湖水位为 17.9～18.4 m 时，水生植被覆盖面积约为 3.86 km²，此时湖泊总体覆盖度较小，约为 8%。具体来看，沉水植物分布面积约为 3.0 km²，挺水植物分布面积约为 0.97 km²，因此，当水位为 17.9～18.4 m 时，对沉水植物影响不大，挺水植物分布范围偏小。

在水生植物的生长过程中，长时间淹没不利于挺水植物种群数量的稳定。根据芦苇植株的高度随生长时间的变化规律（图 5.4.1），在 5 月、6 月、7 月和 8 月，芦苇植株高度分别约为 0.5 m、1 m、1.9 m 和 3 m，挺水植物分布区域内水深分别为 0.15～0.75 m、0.15～0.35 m、0.35 m 和 0.45～0.75 m，因此，在 5 月可能会出现挺水植物被淹没的情况，但淹水历时较短，对挺水植物生长的影响较小。

每年的 10～11 月，大批水鸟陆续到达汤逊湖，此时水位高低是决定水鸟去留的关键因素。当 10～12 月水位为 18.0～18.9 m 时，水鸟适宜生境面积约为 1.7 km²，此时虽然总生境面积较小，但水鸟栖息地范围较为集中，主要分布于藏龙岛湿地公园、汤逊湖壹号湿地公园及其他湖畔地区，可以为水鸟迁徙提供良好栖息和繁殖环境。

6.3 汤逊湖水系优化调度研究

6.3.1 优化调度模型

在汛期，汤逊湖水系的调度原则是预防为主，防治结合，以防洪排涝为主要协调目标，统筹兼顾水环境保护和水生态修复，充分发挥地区现有雨水、污水系统功能，实现科学有序调度。

根据武汉市的调度规则：①在汛期暴雨期间，长江的水位高于汤逊湖水系出口断面的水位，关闭陈家山闸和解放闸，防止长江水流倒灌，并开启汤逊湖泵站和江南泵站，将汤逊湖水系内的调蓄雨水抽排入江；②在汛前，将各调蓄湖泊的水位降至汛前控制水位，以预留调蓄容积迎接暴雨；③对于调蓄容积较小的野芷湖，不考虑其调蓄调度，友谊泵站按最大抽排能力排湖。

本书在保证防洪安全的前提下，以最大限度满足水系内湖泊生态需水为目标，综合考虑湖泊的水量平衡、闸站的过流能力、湖泊和港渠的水位限制等复杂约束条件，建立湖闸站群联合排水优化调度模型，针对不同量级的暴雨研究湖泊调蓄容积合理的运用方式和闸站的优化调度规程。

1. 目标函数

考虑湖泊生态功能，当湖泊水位超过生态适宜水位上限时，挺水植物将完全被淹没，不利于水生植物的生长。因此，优化调度是以汤逊湖水位不超过或超过适宜生态水位上限的持续时间最短为主要目标。目标函数表达如下：

$$\min\sum_{t=1}^{T}w\max[Z(t)-Z_e,0] \qquad (6.3.1)$$

式中：$Z(t)$ 为汤逊湖在 t 时段末的水位；T 为调度的总时段数；w 为湖泊水位超过生态水位上限的惩罚系数；Z_e 为汤逊湖的适宜生态水位上限，根据 6.2 节研究结果，汤逊湖适宜生态水位上限为 18.9 m。

2. 约束条件

（1）湖泊水量平衡。根据各湖泊入湖水量与出湖水量之差来计算湖泊蓄水量的变化。

$$[(Q_{t+1}^{in}-Q_t^{in})-(Q_{t+1}^{out}-Q_t^{out})]\times\Delta t=\Delta V \qquad (6.3.2)$$

式中：Q_{t+1}^{in} 和 Q_t^{in} 分别为 $t+1$ 和 t 时刻进入湖泊的水量；Q_{t+1}^{out} 和 Q_t^{out} 分别为 $t+1$ 和 t 时刻湖泊总排放量；Δt 为单位时间；ΔV 为单位时间内湖泊水量变化量。

（2）防洪排涝特征水位。各湖泊在 t 时段末的水位不低于汛前控制水位，不高于湖泊的防洪（排涝）最高控制水位。

$$Z_{ix}\leqslant Z_i(t)\leqslant Z_i^{max} \qquad (6.3.3)$$

式中：$i=1,2,\cdots,5$，分别代表汤逊湖、南湖、黄家湖、青菱湖和野湖；$Z_i(t)$ 为第 i 个湖泊的水位；Z_{ix} 为 i 湖泊的汛前控制水位；Z_i^{max} 为 i 湖泊的防洪（排涝）最高控制水位。

（3）泵站抽排能力约束。泵站采用预排方式进行调度，即泵站的开启条件为泵站的前池水位不小于预排水位。本书对泵站的调度根据前池水位、来流量和泵站设计规模而定。外江水位采用 2016 年 7 月长江汉口站实测水位。

汤逊湖泵站和江南泵站的抽排流量如下：

$$\begin{cases} D_p(t)=0, & Z_p(t-1)<Z_{yp} \\ D_p(t)=\min\{D_{pb},Q_p(t)\}, & Z_p(t-1)\geqslant Z_{yp} \end{cases} \qquad (6.3.4)$$

式中：$D_p(t)$ 和 $Q_p(t)$ 分别为泵站在 t 时段的抽排流量和来流量；D_{pb} 为泵站的抽排能力；$Z_p(t-1)$ 为泵站在 t 时段初的前池水位；Z_{yp} 为泵站的预排水位。

3. 模型的计算流程

汤逊湖水系优化调度模型的计算流程如下。

（1）系统初始化：设置湖泊、港渠、闸门、泵站和降雨的初始参数。

（2）采用降雨径流模型计算汤逊湖水系各排水分区的产汇流过程。

（3）排水分区的汇水直接排入湖泊调蓄，根据湖泊的水量平衡方程，计算各湖泊的水位变化过程。

（4）根据闸门调度规则计算不同开度下闸门的排流过程及对应的湖泊水位变化过程，采用渠道水流演进模型模拟港渠的输水过程，利用泵站模拟模型计算汤逊湖泵站和江南泵站的抽排流量。

（5）采用优化调度模型优选最佳的闸门开度组合和泵站开机台数，确定汤逊湖水系调度方案。

6.3.2　汤逊湖水系建模

1. 汤逊湖水系概化

汤逊湖水系是由调蓄湖泊、排水港渠、河流、排水闸和抽排泵站等众多天然和人工水利设施有机结合而成的复杂水资源系统，是武汉市重要的排水系统，承担了武昌区、洪山区、东湖新技术开发区等区域的防洪排涝任务。2016 年汛后，先后建成了江南泵站、南湖连通港、巡司河，以及夹套河、巡司河第二出江通道等一批重大排水工程，区域排水能力有了大幅提高。

汤逊湖水系内排水港渠总长 46.937 km，在青菱河入江口建有汤逊湖泵站（现状规模 112.5 m^3/s）和陈家山闸，巡司河入江口建有解放闸，第二通道入江口新建江南泵站（现状规模 150 m^3/s）。非汛期雨水由陈家山闸和解放闸自排入江；汛期汤逊湖水系出口断面的水位低于长江水位，区域雨水入湖调蓄，并由汤逊湖泵站和江南泵站抽排入江。南湖、汤逊湖、黄家湖、青菱湖和野湖出口，以及青菱河与巡司河接口处分别有闸门控制，野芷湖的调蓄雨水通过友谊泵站抽排流入汤逊湖进水港。汤逊湖水系港渠基本情况、闸门和泵站基本情况见表 6.3.1～表 6.3.3。

表 6.3.1　汤逊湖水系主要港渠基本情况

序号	港渠名称	起止地点	长度/m
1	十里长渠	青菱河—神山湖	8 400
2	野十渠	野湖—十里长渠	1 500
3	青菱河	巡司河—汤逊湖泵站	8 600
4	汤逊湖进水港	汤逊湖—巡司河	3 600
5	汤野渠	野芷湖—汤逊湖	1 350
6	南湖连通渠	南湖—巡司河	2 600

序号	港渠名称	起止地点	长度/m
7	巡司河	武泰闸—青菱河	9 200
8	青青渠	青菱湖—青菱河	50
9	青黄渠	黄家湖—青菱河	900
10	陈家山闸港	青菱湖—陈家山闸	3 200
11	第二通道	青菱河—江南泵站	4 767

表 6.3.2　汤逊湖水系主要闸门基本情况

编号	水闸名称	所属水系	所在位置	闸底高程/m	闸孔		
					数量	宽度/m	高度/m
1	南湖连通渠节制闸	南湖	南湖连通渠	18.58	2	5.2	2.5
2	截污闸	汤逊湖	汤逊湖进水港	14.95	1	4	6.7
3	青黄渠闸	黄家湖	青黄渠	18.67	1	4	2
4	青菱河闸	青菱湖	青菱湖—青菱河	19.49	5	2.2	1.9
5	建阳闸	青菱湖	陈家山渠—十里长渠	17.82	2	2.55	3.2
6	野十渠闸	野湖	野十渠	19.37	1	2	2.6
7	巡司河闸	巡司河	青菱河—巡司河	14.9	1	36	5

表 6.3.3　汤逊湖水系泵站基本情况

外排泵站	抽排能力/(m³/s)	机组台数	前池水位/m
汤逊湖泵站	112.5	15	16.55～18.55
江南泵站	150	15	15.8～17.0

按汇水特征及调度运行关系划分，汤逊湖水系可划分为 8 个汇水区（陈雄志，2017），如图 6.3.1 所示。其中：①为直排区，面积为 62.21 km²，该区径流通过巡司河、青菱河汇集，非汛期长江低水位时由陈家山闸和解放闸自排进长江，汛期长江水位升高不能自排时，由汤逊湖泵站抽排出江；②～⑦为分别为南湖汇水区（40.16 km²）、汤逊湖汇水区（229.95 km²）、野芷湖汇水区（6.38 km²）、黄家湖汇水区（30.06 km²）、青菱湖汇水区（41.7 km²）和野湖汇水区（13.35 km²），径流先入湖调蓄，然后通过港渠进入直排区，经自排或抽排入长江；⑧为海口子汇水区，该区大部分区域降雨经港渠汇集，由海口闸或海口泵站出江。

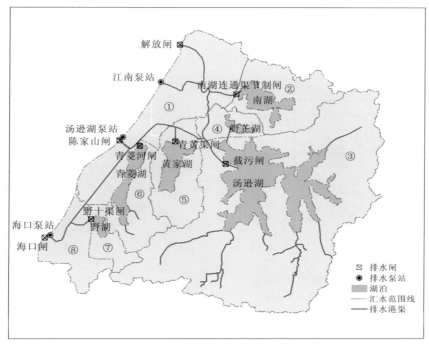

图 6.3.1　汤逊湖水系汇水分区

该区域共有污水处理厂 5 座，处理水量 69×10^4 t/d，其中汤逊湖污水厂尾水部分直接管道排入长江，龙王嘴污水处理厂尾水直排入南湖连通渠、黄家湖污水处理厂尾水直排入青菱河，然后通过沿江泵站和闸门排放入江。

针对汤逊湖水系防洪体系的具体特点，包括各类骨干工程的功能及其相互联系、汛期运行特性、排水分区等重要水利因素，本书重点考虑对洪水排除占主导作用的骨干河道、港渠和一些具有重要联系和枢纽作用的渠道，及一些关键的控制节点，闸门泵站等。对于调蓄容积较小且位于城排区的野芷湖，不考虑其蓄水调度，友谊泵站按最大抽排能力排湖。汤逊湖水系概化图如图 6.3.2 所示。

2. 汤逊湖水系排涝模型验证

汤逊湖水系港渠河流众多，水力联系复杂，河道的坡度较小，压力流、超载流、洪流、回水等现象常见，属于典型的平原河网水系，河网水动力能较为准确地反映坡降较小的河渠水网在复杂的边界条件和工程调度影响下的实际排涝过程，可以用来模拟汤逊湖水系内河流港渠所有的渐变流、压力流、回流，较为真

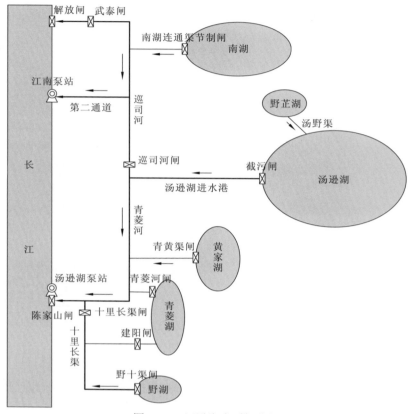

图 6.3.2　汤逊湖水系概化图

实地反映水位流量变化过程。因此，本书采用河网水动力模型模拟汤逊湖水系的排涝过程，并利用动态波方法求解完整的一维圣维南方程组进行计算。降雨径流模型采用 3.1.3 小节介绍的方法进行模拟计算，汛前各调蓄湖泊的水位降至汛前控制水位，以预留调蓄容积迎接暴雨，因此湖泊的起调水位为其汛前控制水位。

本书以汤逊湖地区洪山青菱站和农大站 2016 年 6 月 17 日～8 月 3 日的降雨过程作为输入条件，通过对比汤逊湖和南湖的实际监测水位过程和模拟得到的水位变化过程来验证模型的准确性。汤逊湖地区降雨过程如图 6.3.3 所示，汤逊湖、南湖模拟和实测水位变化过程分别如图 6.3.4 和图 6.3.5 所示。

从图 6.3.4 和图 6.3.5 中可以看出，模拟和实测水位过程线较为接近，汤逊湖和南湖水位的平均相对误差分别为 0.57%和 0.58%，均方根误差分别为 0.152 和0.138，远低于水位的变化幅度 2.00 和 2.05，说明建立的汤逊湖水系排涝模型具有较好的模拟精度，可以用于汤逊湖水系调度方案研究。

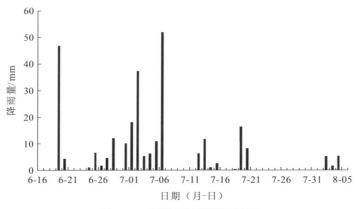

图 6.3.3　汤逊湖地区降雨过程

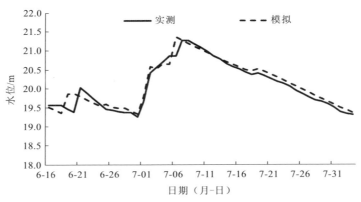

图 6.3.4　汤逊湖模拟和实测水位变化过程

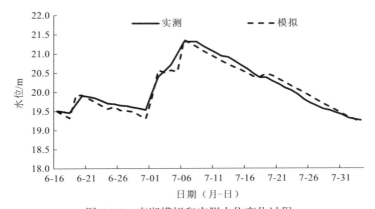

图 6.3.5　南湖模拟和实测水位变化过程

6.3.3　汤逊湖水系调度方案研究

根据汤逊湖综合控制水位研究结果，前汛期（4月21日～5月31日）适宜水位区间为18.0～18.6 m，主汛期（6月1日～7月31日）适宜水位区间为18.0～18.2 m。考虑湖泊周边道路和建筑物安全，汤逊湖水位不能超过19.65 m。此外，还需保证湖泊水生态功能正常发挥。汤逊湖汛期生态水位区间为18.0～18.9 m，当水位超过18.9 m时，汤逊湖部分挺水植物将完全被淹没，不利于水生植物的生长。因此，汤逊湖水位须尽量控制在18.9 m以内。

根据现行调度方案，汤逊湖的汛前控制水位为18.0 m，为提高湖泊的综合利用效率，本书选取汤逊湖汛前控制水位为18.0 m、18.2 m、18.4 m、18.6 m这四种不同方案进行计算，分析适当抬高汤逊湖汛前控制水位的可行性和合理性。其他湖泊控制水位参考汤逊湖水系现行调度方案确定，见表6.3.4。

表6.3.4　主要湖泊控制水位表

控制水位	汤逊湖	南湖	野芷湖	野湖	黄家湖	青菱湖
规划常水位/m	17.65	18.65	18.63	17.65	17.65	17.65
汛前控制水位/m	18.0～18.6	18.65	18.65	18.15	18.0	18.0
最高控制水位/m	18.65	19.65	19.63	18.65	18.65	18.65

注：以上水位为黄海高程。

汤逊湖调度计算原则如下：

（1）考虑到目前没有闸门的自动控制系统，闸门调度方案应便于手工操作，闸门的开度按照0.5 m的倍数调节，最大至闸高，对于拥有多个闸孔的水闸，每个闸孔都按同一开度同步操作。当湖泊水位高于汛前控制水位时，湖泊出口闸门保持开启状态，湖泊水位降至汛前控制水位时，湖泊出口闸门关闭。

（2）按中心城区居住区密集地段排涝优先原则，充分发挥湖泊调蓄削峰功能。降雨初期，巡司河闸保持开启状态，使南湖水进入汤逊湖调蓄，雨峰过后，关闭夹套河闸和巡司河闸，江南泵站仅用于抽排南湖汇水区涝水，优先确保南湖区域的排涝安全。当南湖水位降至汛前控制水位时，重新开启巡司河闸，通过江南泵站和汤逊湖泵站共同抽排汤逊湖汇水区涝水。

（3）汤逊湖泵站、江南泵站视前池水位情况调度抽排，即泵站的开启条件为泵站的前池水位不小于预排水位，随着湖泊水位和前池水位上涨，增加开泵台数。

在前汛期，湖泊水位需预降至主汛期汛前控制水位，预降截止日期为5月31

日。前汛期适宜水位上限为 18.6 m，根据模拟计算，在现状排水设施条件下，汤逊湖水位从 18.6 m 降至 18.0 m 需要的时间约为 5～6 d，因此，须在 5 月 24 日前开始预排，通过汤逊湖泵站、江南泵站和陈家山闸等设施将汤逊湖水位降至汛前控制水位。

　　本书选用重现期 P 分别为 10 a、20 a、50 a 和 100 a 的 1 日设计暴雨和重现期为 50 a 和 100 a 的 7 日设计暴雨为输入条件进行模拟分析。根据《武汉市排水防涝系统规划设计标准》，武汉市 24 h 暴雨的暴雨强度分别为 205 mm、249 mm、303 mm 和 344 mm，武汉市 24 h 暴雨的暴雨雨型宜按图 6.3.6 进行分配。根据 3.5.2 小节研究结果，汤逊湖地区 50 年一遇和 100 年一遇 7 日设计暴雨量分别为 572.3 mm 和 655.22 mm，暴雨雨型按 2016 年 6 月 30 日～7 月 8 日典型暴雨进行分配，如图 6.3.7 所示。

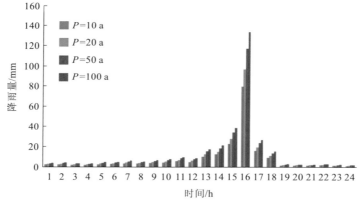

图 6.3.6　1 日暴雨过程图

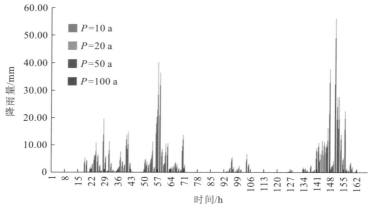

图 6.3.7　7 日暴雨过程图

1. 湖泊水位变化模拟

根据建立的优化调度模型,按汤逊湖不同汛前控制水位方案(18.0 m、18.2 m、18.4 m 和 18.6 m),以及 1 日设计暴雨(10 年一遇、20 年一遇、30 年一遇和 50 年一遇)和 7 日设计暴雨(50 年一遇和 100 年一遇)情景,对汤逊湖水系 6 个调蓄湖泊进行联合排水优化调度计算。

1)10 年一遇设计暴雨

通过汤逊湖水系联合排水优化调度模拟,不同汛前控制水位方案下汤逊湖水位变化过程如图 6.3.8 所示。可以看出,当汤逊湖汛前控制水位 Z 为 18.0 m、18.2 m、18.4 m 和 18.6 m 时,遭遇 10 年一遇 1 日暴雨,汤逊湖最高水位分别达到 18.55 m、18.73 m、18.91 m 和 19.07 m,均未超过防洪最高控制水位(19.65 m),水位降至汛前控制水位的时间为 5~7 d。此外,汤逊湖汛期适宜生态水位上限为 18.9 m,因此,当汛前控制水位为 18.4 m 和 18.6 m 时,汤逊湖水生植物将受到一定影响,但由于高水位持续时间较短,对水生植物生长影响较小。

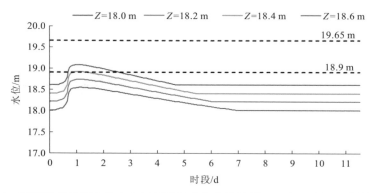

图 6.3.8　不同汛前控制水位方案下汤逊湖水位变化过程(10 年一遇 1 日设计暴雨)

南湖水位及巡司河闸、南湖连通渠节制闸开度变化过程如图 6.3.9 所示,其他湖泊水位变化过程如图 6.3.10 所示,汤逊湖泵站和江南泵站抽排流量过程如图 6.3.11 所示。遭遇 10 年一遇 1 日暴雨时,南湖、黄家湖、青菱湖和野湖最高水位均未超过最高控制水位,其中南湖水位降至汛前控制水位的时间为 1.8 d。南湖连通渠节制闸和巡司河闸的调度规则根据南湖的水位而定,水位高于 18.65 m 时,开启南湖连通渠节制闸,南湖水位降至 18.65 m 时,关闭南湖连通渠节制闸。在雨峰过后关闭巡司河闸,使江南泵站优化抽排南湖汇水区涝水。

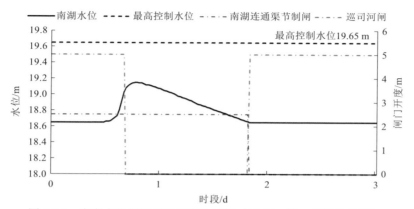

图 6.3.9　南湖水位和闸门开度变化过程（10 年一遇 1 日设计暴雨）

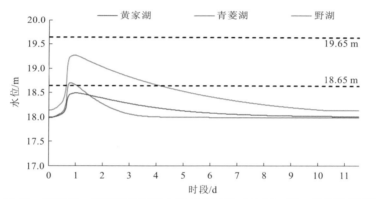

图 6.3.10　黄家湖、青菱湖和野湖水位变化过程（10 年一遇 1 日设计暴雨）

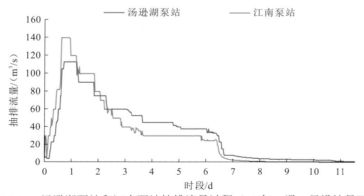

图 6.3.11　汤逊湖泵站和江南泵站抽排流量过程（10 年一遇 1 日设计暴雨）

2）20 年一遇设计暴雨

通过汤逊湖水系联合排水优化调度模拟，遭遇 20 年一遇 1 日暴雨时，不同汛前控制水位方案下汤逊湖水位变化过程如图 6.3.12 所示。可以看出，遭遇 20 年一遇 1 日暴雨时，汤逊湖水位降至汛前控制水位的时间为 5～8 d。当汤逊湖汛前控制水位为 18.0～18.6 m 时，汤逊湖的最高运行水位均未超过最高控制水位 19.65 m；但当汛前控制水位为 18.4 m 和 18.6 m 时，汤逊湖最高水位分别达到 19.04 m 和 19.2 m，超过适宜生态水位上限 18.9 m，将对汤逊湖水生植物生长造成一定影响。

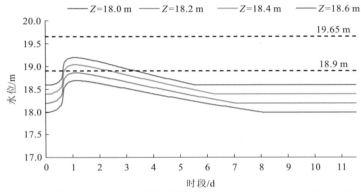

图 6.3.12　不同汛前控制水位方案下汤逊湖水位变化过程（20 年一遇 1 日设计暴雨）

南湖和其他湖泊水位变化过程分别如图 6.3.13 和图 6.3.14 所示，汤逊湖泵站和江南泵站抽排流量过程如图 6.3.15 所示。遭遇 20 年一遇 1 日设计暴雨时，南湖、黄家湖和野湖最高水位均未超过最高控制水位，青菱湖最高水位达到 18.89 m。南湖的调蓄雨水可在 2 d 左右排完，此时可关闭南湖连通渠节制闸，防止港渠水倒灌入湖。

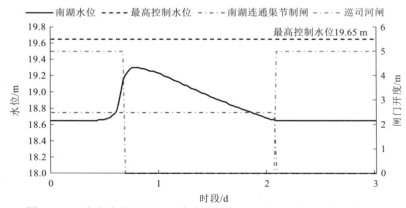

图 6.3.13　南湖水位和闸门开度变化过程（20 年一遇 1 日设计暴雨）

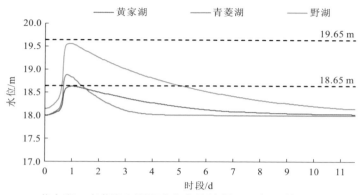

图 6.3.14　黄家湖、青菱湖和野湖水位变化过程（20 年一遇 1 日设计暴雨）

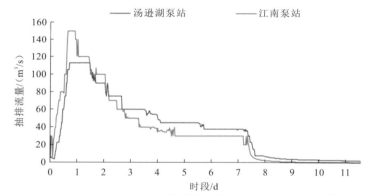

图 6.3.15　汤逊湖泵站和江南泵站抽排流量过程（20 年一遇 1 日设计暴雨）

3）50 年一遇设计暴雨

当遭遇 50 年一遇及以上设计暴雨时，为了进一步提高汤逊湖城排区的排水能力，按照中心城区居住区密集地段排涝优先原则，提出如下调度方案：保持汤逊湖泵站长开机，降雨初期，开启青菱河闸和十里长渠闸；雨峰过后，关闭青菱河闸和十里长渠闸，先排除汤逊湖和黄家湖涝水，同时开启野湖至新十里长渠闸，通过海口泵站协排涝水；待汤逊湖水位降低至 18.5 m 时，开启青菱河闸和十里长渠闸，四湖同排。

通过汤逊湖水系联合排水优化调度模拟，不同频率 1 日设计暴雨情景下，不同汛前控制水位方案下汤逊湖水位变化过程如图 6.3.16 所示。可以看出，遭遇 50 年一遇 1 日设计暴雨时，汤逊湖水位降至汛前控制水位的时间为 6～10 d。当汤逊湖汛前控制水位为 18.0 m、18.2 m、18.4 m 和 18.6 m 时，汤逊湖的最高运行水位分别为 18.94 m、19.07 m、19.23 m 和 19.39 m，均超过适宜生态水位上限 18.9 m，部分时段挺水植物将完全被淹没，对汤逊湖水生植物的生长造成一定影响，且水位越高，挺水植物淹没持续时间越长。

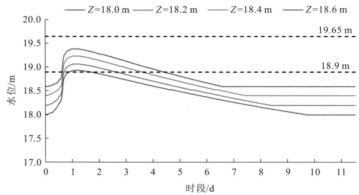

图 6.3.16   不同汛前控制水位方案下汤逊湖水位变化过程（50 年一遇 1 日设计暴雨）

南湖和其他湖泊水位变化过程分别如图 6.3.17 和图 6.3.18 所示，汤逊湖泵站和江南泵站抽排流量过程如图 6.3.19 所示。遭遇 50 年一遇 1 日暴雨时，南湖最高水位为 19.51 m，未超过最高控制水位 19.65 m，调蓄雨水可在 2.4 d 排完。黄家湖、青菱湖和野湖最高水位分别为 18.82 m、19.16 m 和 19.96 m，均超过其湖泊的最高控制水位。

为确保汤逊湖水系的防洪安全，进一步对 7 日设计暴雨进行模拟，通过汤逊湖水系联合排水优化调度模拟，不同频率 7 日设计暴雨情景下，不同汛前控制水位方案下汤逊湖水位变化过程如图 6.3.20 所示，其余湖泊水位变化过程如图 6.3.21 所示。可以看出，当遭遇 50 年一遇 7 日设计暴雨时，汤逊湖在 3 日左右达到第一个峰值，在 7 日左右达到第二个峰值，当汛前控制水位为 18.0 m、18.2 m、18.4 m

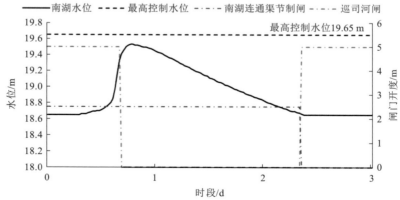

图 6.3.17   南湖水位和闸门开度变化过程（50 年一遇 1 日设计暴雨）

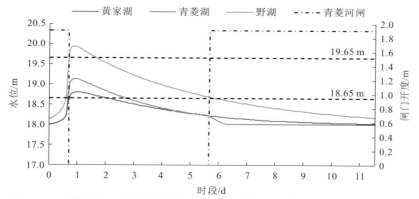

图 6.3.18 黄家湖、青菱湖和野湖水位变化过程（50 年一遇 1 日设计暴雨）

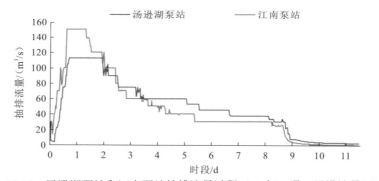

图 6.3.19 汤逊湖泵站和江南泵站抽排流量过程（50 年一遇 1 日设计暴雨）

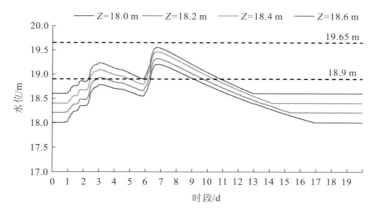

图 6.3.20 不同汛前控制水位方案下汤逊湖水位变化过程（50 年一遇 7 日设计暴雨）

和 18.6 m 时,汤逊湖最高运行水位分别达到 19.2 m、19.32 m、19.46 m 和 19.55 m,均超过汤逊湖生态适宜水位上限 18.9 m,但未超过防洪最高控制水位 19.65 m,可保障汤逊湖地区的防洪安全。南湖最高运行水位为 19.25 m,未超过其最高控制水位。其余湖泊最高运行水位均超过其最高控制水位,其中野湖最高水位达到 20.12 m。

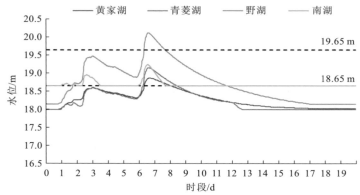

图 6.3.21　黄家湖、青菱湖、野湖和南湖水位变化过程(50 年一遇 7 日设计暴雨)

4)100 年一遇设计暴雨

通过汤逊湖水系联合排水优化调度模拟,当遭遇 100 年一遇 1 日设计暴雨时,不同汛前控制水位方案下汤逊湖水位变化过程如图 6.3.22 所示。可以看出,遭遇 100 年一遇 1 日暴雨时,汤逊湖水位降至汛前控制水位的时间为 7~11 d。当汤逊湖汛前控制水位为 18.0 m、18.2 m、18.4 m 和 18.6 m 时,汤逊湖的最高运行水位分别为 19.04 m、19.21 m、19.37 m 和 19.56 m,均超过生态适宜水位上限 18.9 m,但未超过防洪控制水位。

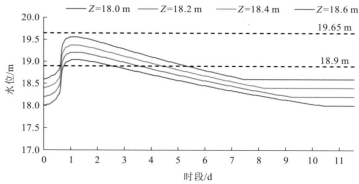

图 6.3.22　不同汛前控制水位方案下汤逊湖水位变化过程(100 年一遇 1 日设计暴雨)

南湖和其他湖泊水位变化过程分别如图 6.3.23 和图 6.3.24 所示，汤逊湖泵站和江南泵站抽排流量过程如图 6.3.25 所示。遭遇 100 年一遇 1 日暴雨时，南湖最高水位为 19.67 m，个别时段超过最高控制水位 19.65 m，调蓄雨水可在 2.5d 排完。黄家湖、青菱湖和野湖最高水位分别为 18.93 m、19.31 m 和 20.23 m，均超过其湖泊的最高控制水位。

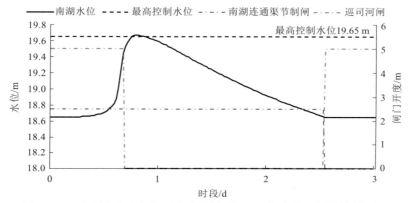

图 6.3.23　南湖水位和闸门开度变化过程（100 年一遇 1 日设计暴雨）

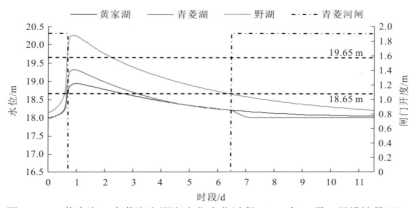

图 6.3.24　黄家湖、青菱湖和野湖水位变化过程（100 年一遇 1 日设计暴雨）

为确保汤逊湖水系的防洪安全，进一步对 7 日设计暴雨进行模拟，通过汤逊湖水系联合排水优化调度模拟，不同频率 7 日设计暴雨情景下，不同汛前控制水位方案下汤逊湖水位变化过程如图 6.3.26 所示，其余湖泊水位变化过程如图 6.3.27 所示。可以看出，当遭遇 100 年一遇 7 日设计暴雨时，汛前控制水位为 18.0 m 和 18.2 m 时，汤逊湖最高运行水位分别达到 19.43 m 和 19.5 m，未超过汤逊湖最高控制水位 19.65 m，当汛前控制水位为 18.4 m 和 18.6 m 时，汤逊湖最高运行水位

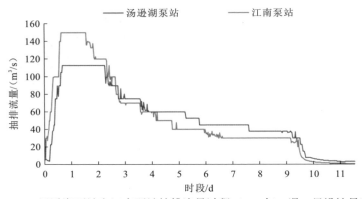

图 6.3.25 汤逊湖泵站和江南泵站抽排流量过程（100 年一遇 1 日设计暴雨）

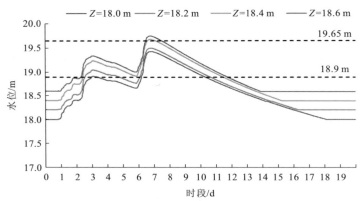

图 6.3.26 不同汛前控制水位方案下汤逊湖水位变化过程（100 年一遇 7 日设计暴雨）

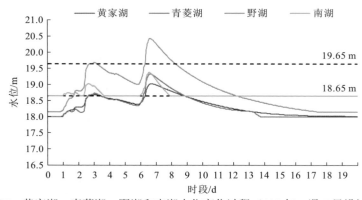

图 6.3.27 黄家湖、青菱湖、野湖和南湖水位变化过程（100 年一遇 7 日设计暴雨）

分别达到 19.68 m 和 19.75 m，均超过 19.65 m，不利于汤逊湖防洪安全。南湖最高运行水位为 19.39 m，未超过其最高控制水位。其余湖泊最高运行水位均超过其最高控制水位，其中野湖最高水位达到 20.43 m。

2. 排水能力评估

根据汤逊湖水系闸站群联合排水调度模型的模拟结果，对汤逊湖水系的排水能力进行评估，见表 6.3.5。汤逊湖水系不同重现期暴雨下各湖泊的最高运行水位和降至汛前控制水位所需时间分别见表 6.3.6 和表 6.3.7。当汤逊湖汛前控制水位为 18.0 m 和 18.2 m 时，汤逊湖能抵御 100 年一遇暴雨，且对水生植物影响较小；当汛前控制水位升高到 18.4 m 和 18.6 时，汤逊湖能抵御 50 年一遇设计暴雨，当遭遇 100 年一遇 7 日暴雨时，湖泊最高运行水位分别达到 19.68 m 和 19.75 m，超过汤逊湖最高控制水位 19.65 m，将对汤逊湖的防洪安全构成威胁，且超过汤逊湖生态适宜水位上限持续时间较长，对湖泊生态功能会造成一定影响。从表 6.3.6 和表 6.3.7 可以看出，遭遇相同频率暴雨时，汤逊湖汛前控制水位越低，最高运行水位越低，降至汛前控制水位所需的时间越长。

表 6.3.5　汤逊湖水系各湖泊排水能力评估

湖泊	汤逊湖				南湖	黄家湖	青菱湖	野湖
	18.0 m	18.2 m	18.4 m	18.6 m				
抵御暴雨等级	100 a	100 a	50 a	50 a	50 a	20 a	10 a	20 a

注：18.0~18.6 m 表示汤逊湖不同汛前控制水位；10 a 表示湖泊能抵御 10 年一遇 1 日暴雨。

表 6.3.6　汤逊湖水系不同重现期暴雨下的最高运行水位　　　（单位：m）

重现期	暴雨历时	汤逊湖				南湖	黄家湖	青菱湖	野湖
		18.0 m	18.2 m	18.4 m	18.6 m				
$P=10$ a	1 d	18.55	18.73	18.91	19.07	19.15	18.50	18.71	19.28
$P=20$ a	1 d	18.69	18.86	19.04	19.20	19.30	18.63	18.89	19.56
$P=50$ a	1 d	19.20	19.30	19.46	19.55	19.25	18.87	19.16	20.12
$P=100$ a	1 d	19.43	19.50	19.68	19.75	19.39	19.03	19.33	20.43

表 6.3.7　汤逊湖水系各湖泊水位降至汛前控制水位所需天数

重现期	汤逊湖				南湖	黄家湖	青菱湖	野湖
	18.0 m	18.2 m	18.4 m	18.6 m				
$P=10$ a	6.9	6.1	5.4	4.7	1.8	11.0	5.9	10.2
$P=20$ a	8.0	7.0	6.3	5.5	2.1	>11.0	6.2	11.0
$P=50$ a	9.7	8.4	7.4	6.6	2.4	>11.0	6.5	>11.0
$P=100$ a	10.4	9.2	8.2	7.4	2.5	>11.0	6.8	>11.0

在现状排水设施情况下，南湖的排水能力为抵御 50 年一遇 1 日设计暴雨，当遭遇 100 年一遇 1 日设计暴雨时，最高运行水位为 19.67 m，略高于最高控制水位 19.65 m，南湖水位降至汛前控制水位（18.65 m）的时间约为 2.5 d，相比于 2016 年以前，南湖的排水能力有了大幅提升，这是由于 2016 年汛后先后建成了江南泵站、南湖连通港、巡司河及夹套河、巡司河第二出江通道等一批重大排水工程，大大缩短了南湖的出江通道，有效地提升了南湖地区的排水能力。

野湖和黄家湖均能抵御 20 年一遇 1 日暴雨，但遭遇 20 年一遇以上 1 日设计暴雨时，野湖和黄家湖的调蓄雨水均需 11 d 及以上才能排完。分析造成该现象的原因，主要是黄家湖出口的青黄渠闸仅有一个宽 4 m、高 2 m 的闸孔，且闸底较高，造成黄家湖排水较慢，因此可通过扩大青黄渠闸规模来提升黄家湖的排水能力；野湖排水能力较低的原因是野十渠渠底较高，使得野十渠上下游水位相差较小，导致闸门的排流量较小，野湖的水位降至汛前控制水位所需的时间较长，因此可通过降低野十渠渠底高程来提升野湖的排水能力。青菱湖仅能抵御 10 年一遇 1 日设计暴雨，当遭遇 20 年一遇 1 日暴雨时，青菱湖最高运行水位达到 18.89 m，超过其最高控制水位 18.65 m，调蓄雨水可在 6 d 左右排完。造成青菱湖排水能力较低的主要原因是青菱湖汇水区面积较大，最高控制水位较低，导致所需调蓄的水量大于青菱湖的调蓄容积，因此可考虑将最高控制水位由现状的 18.65 m 提高到 18.9 m 来增加青菱湖的调蓄容积。

3. 汤逊湖水系调度方案

1）汛前控制水位

通过不同频率暴雨下汤逊湖水系内湖泊、闸站的模拟结果和排水能力评估结果，得到汤逊湖水系的湖闸站群联合调度方案，各湖泊汛前控制水位和最高控制水位建议方案如表 6.3.8 所示。在现状排水设施基础上，可将汤逊湖汛前控制水位由

18.0 m 提高至 18.2 m，此时排水能力为可抵御 100 年一遇 7 日设计暴雨，当遭遇 50～100 年一遇 1 日暴雨时，最高水位将超过汤逊湖生态水位上限，但持续时间较短，对汤逊湖生态功能影响较小。由于汛期汤逊湖入湖污染负荷较大，汤逊湖水位的适当提高可增大水环境容量，有效改善汤逊湖的水环境状况。青菱湖的最高控制水位由现状的 18.65 m 提高至 18.9 m，排水能力可由 10 年一遇提高至 20 年一遇。

表 6.3.8　主要湖泊控制水位建议方案

控制水位	汤逊湖	南湖	野芷湖	野湖	黄家湖	青菱湖
汛前控制水位/m	18.2	18.65	18.65	18.15	18.0	18.0
最高控制水位/m	18.9	19.65	19.65	19.65	18.65	18.9

2）闸站调度方案

在前汛期（4 月 21 日～5 月 31 日），汤逊湖水位控制在 18.6 m，从 5 月 24 日开始预排水位，将湖泊水位降至 18.2 m，预排时间约 5～6 d。

各湖泊出口闸门根据湖泊的水位变化情况来进行调度，汛期降雨开始时，开启汤逊湖的截污闸、南湖的南湖连通渠节制闸、黄家湖的青黄渠闸、青菱湖的建阳闸和野湖的野十渠闸排水，当各湖泊水位降至其汛前控制水位时，关闭对应的出湖闸门。

巡司河闸的调度根据南湖的水位变化和降雨情况来确定，降雨开始时保持开启状态，使南湖水进入汤逊湖调蓄，雨峰过后关闭闸门，使江南泵站优先抽排南湖汇水区涝水，当南湖水位降至汛前控制水位 18.65 m 时，重新开启巡司河闸，通过江南泵站和汤逊湖泵站共同抽排汤逊湖汇水区涝水。不同重现期暴雨下巡司河闸关闭和重现开启时南湖水位见表 6.3.9。

表 6.3.9　巡司河闸的调度方案

水位	暴雨重现期			
	P=10 a	P=20 a	P=50 a	P=100 a
首次关闭时南湖水位/m	↑19.08	↑19.21	↑19.40	↑19.53
重现开启时南湖水位/m	↓18.65	↓18.65	↓18.65	↓18.65

注："↑"和"↓"分别表示湖泊水位上升和下降到某个值时，闸门执行相应操作。

青菱河闸和十里长渠闸的调度根据汤逊湖水位变化情况来确定，当暴雨重现期超过 50 a 时，在降雨初期开启青菱河闸和十里长渠闸，排除青菱湖和野湖汇水区涝水；雨峰过后，关闭青菱河闸和十里长渠闸，优先排除汤逊湖和黄家湖涝水；

待汤逊湖水位降低至 18.5 m 时，开启青菱河闸和十里长渠闸，四湖同排。不同重现期暴雨下巡司河闸关闭和重现开启时汤逊湖水位见表 6.3.10。

表 6.3.10 青菱河闸的调度方案

水位	暴雨重现期			
	$P=10\,a$	$P=20\,a$	$P=50\,a$	$P=100\,a$
首次关闭时汤逊湖水位/m	—	—	↑18.87	↑18.97
重现开启时汤逊湖水位/m	—	—	↓18.5	↓18.5

汤逊湖泵站、江南泵站视前池水位情况调度抽排，即泵站的开启条件为泵站的前池水位不小于预排水位，随着湖泊水位和前池水位上涨，增加开泵台数，不同重现期暴雨下汤逊湖泵站和江南泵站抽排流量过程分别如图 6.3.28 和图 6.3.29 所示。

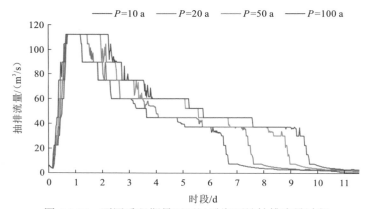

图 6.3.28 不同重现期暴雨下汤逊湖泵站抽排流量过程

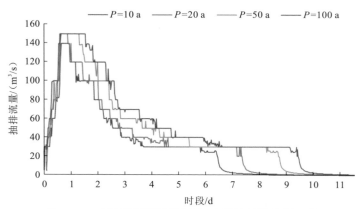

图 6.3.29 不同重现期暴雨下江南泵站抽排流量过程

6.4　本 章 小 结

　　本章综合考虑防洪排涝、水质改善和生态景观等多种功能，确定了汤逊湖多目标综合控制水位，并对其进行了合理性分析。建立汤逊湖水系优化调度模型，通过模拟和评估各湖泊不同频率暴雨情景下的调蓄能力，得到汤逊湖水系湖闸站群联合排水优化调度运行方式。

　　（1）分析汤逊湖非汛期和汛期的主要协调目标，建立了汤逊湖多目标综合控制水位计算模式，以防洪排涝控制水位、水质调控水位和生态适宜水位为基础，得到了汤逊湖多目标综合控制水位，通过可达性分析、水质和水生态影响评价，对综合控制水位结果进行了合理性分析。

　　（2）建立了汤逊湖水系降雨径流模型和渠道水流演进模型，以汤逊湖水位不超过或超过生态水位上限的持续时间最短为主要目标，以湖泊的水量平衡、闸站的过流能力、湖泊和港渠的水位限制为约束条件，建立湖闸站群联合排水优化调度模型，通过 2016 年 6～8 月汤逊湖和南湖水位变化情况对模型进行了验证，结果表明模型具有较好的模拟精度。

　　（3）根据建立的优化调度模型，对汤逊湖不同汛前控制水位方案和不同频率设计暴雨情景下汤逊湖水系各湖泊进行联合排水优化调度计算，得到各湖泊的汛前控制水位和不同闸站的调度方案。研究结果表明，遭遇相同频率暴雨时，汤逊湖汛前控制水位越低，最高运行水位越低，降至汛前控制水位所需的时间越长。在现状排水设施基础上，汤逊湖汛前控制水位可由 18.0 m 提高至 18.2 m，此时排水能力为可抵御 100 年一遇 7 日设计暴雨。

第7章 结论与展望

7.1 主要结论

本书以武汉市汤逊湖水系为研究对象,围绕该地区面临的内涝严重、湖泊水体污染和水生态破坏等水安全问题展开研究,提出了湖泊综合调控水位的理论和计算方法,并探索了湖泊水量、水质和水生态的时空演变规律。以湖泊综合功能发挥最佳为目标,研究并提出了汤逊湖多目标水位控制方案和河湖水系优化调度策略。主要研究结论如下。

(1)通过线性回归分析方法和 M-K 检验法对湖泊水量、水质和水生态时空演变规律进行了分析。从湖泊水体面积来看,1990~2017 年,水体面积减少 10.61 km²,汤逊湖部分湖岸线被裁弯取直,湖泊水面被严重挤占。建筑用地持续增加,累计增加 78.52 km²,林地/绿地面积减少 77.76 km²,农用地呈现先增加后减少的趋势,裸地面积有所增加。从水质时间变化来看,汤逊湖 TN 和 TP 浓度超标严重,2000~2018 年 TN 和 TP 浓度均呈现显著上升的趋势,从空间分布来看,外汤逊湖整体污染较为严重,内汤逊湖水质相对较好。

(2)基于归一化植被指数(NDVI)和浮藻指数(FAI)分别建立了汤逊湖水生植被遥感反演模型,研究表明 FAI 比 NDVI 更稳定。通过 FAI 法提取得到汤逊湖的水生植被分布情况,汤逊湖水生植被覆盖度变化范围为 9%~27%,主要分布在湖泊边界、东北部和西南部湖汊地区。春季和冬季水生植被覆盖度较小,夏季和秋季水生植被覆盖度较大。从水生植被年际变化情况来看,1990~2017 年汤逊湖水生植被覆盖度呈现减小的趋势,水生植被面积平均每年减少为 0.17 km²。

(3)汤逊湖地区年降雨量呈现增长的趋势,降雨主要集中在 4~8 月,其中 6~7 月发生暴雨的可能性最大,通过降雨量变化相对系数对 7 日和 15 日降雨量进行分析,确定汤逊湖流域 4 月 21 日~5 月 31 日为前汛期,6 月 1 日~7 月 31 日为主汛期,8 月 1 日~9 月 30 日为后汛期。构建了基于 Mike Urban 的城市洪涝模型,对不同分期调度方案的入湖水量过程和水位变化过程进行模拟,以最高水位不超过防洪最高控制水位 19.65 m 为原则,得到前汛期、主汛期和后汛期调度水位分别为 18.6 m、18.2 m 和 18.6 m。

（4）通过实测数据和经验系数法计算得到汤逊湖逐月入湖污染负荷过程，基于汤逊湖水系水量平衡分析和二维水动力-水质模型，研究得到了汤逊湖水系内各湖泊 TN 和 TP 全年动态水环境容量结果。研究表明，汤逊湖 TN 和 TP 全年水环境容量分别为 801.57 t 和 50.14 t，全年入湖污染负荷总量分别为 905.26 t 和 94.99 t。提出采取削减污染物总量和水位调控相结合的方式来改善湖泊水质，当汤逊湖超标月份 TN 和 TP 入湖污染负荷分别削减 151.6 t 和 38.0 t，非汛期水位控制在 17.6～18.77 m，汛期水位控制在 18.77～19.2 m，可保证汤逊湖水质达标。

（5）选取水鸟和水生植物为生态保护目标，从水鸟和水生植物对环境的需求特性入手，建立了湖泊水位与目标物种适宜生境面积之间的关系，并确定了不同特征水位下水鸟的栖息范围和水生植被覆盖度。研究结果表明，汤逊湖湿地的越冬水鸟适宜生境面积随水位变化呈现先增加后减少的趋势，当水位为 16.2 m 时，总生境面积最大。萌发期水位越低，水生植被覆盖度越大。10 月～次年 1 月以水鸟繁殖、栖息生境为关键保护目标，2～3 月以水生植物萌发期水位需求为关键保护目标，从目标物种不同生长阶段对水深、水位变幅的需求入手，研究确定了汤逊湖全年的适宜生态水位过程。

（6）基于防洪排涝控制水位、水质调控水位和生态适宜水位研究结果，以湖泊综合功能发挥最佳为目标，建立了综合考虑防洪排涝、水质调控和生态景观等多种功能的多目标综合控制水位计算模式，得到了汤逊湖多目标综合控制水位区间。在规划正常蓄水位 17.65 m 的基础上，建议适当抬高湖泊正常蓄水位，将非汛期正常水位提高至 18.5 m，汛期水位控制在 18.2 m，能够在保证防洪安全的前提下，使水资源得到更充分的利用。建立了汤逊湖水系降雨径流模型和渠道水流演进模型，以汤逊湖水位不超过或超过生态水位上限的持续时间最短为主要目标，建立了湖闸站群联合排水优化调度模型。研究结果表明，遭遇相同频率暴雨时，汤逊湖汛前控制水位越低，最高运行水位越低，降至汛前控制水位所需的时间越长。在现状排水设施基础上，汤逊湖汛前控制水位可由 18.0 m 提高至 18.2 m，此时排水能力为可抵御 100 年一遇 7 日设计暴雨。

7.2　创　新　点

本书的创新点主要有以下几点。

（1）提出了一种基于生境需求确定湖泊适宜生态水位的新方法，以水鸟和水生植物为保护目标，有效预测了不同特征水位下目标物种适宜生境范围，定量分析了目标物种适宜生境和水位的响应关系，得到了汤逊湖不同时期的适宜生态水位过程。

（2）发展了兼顾防洪排涝、水质改善和生态景观等综合利用功能的多目标综合控制水位方法，研究提出了满足汤逊湖防洪安全和生态环境改善的优化调度方案。

7.3 研 究 展 望

本书取得了一些成果，但由于作者的专业技术水平和研究时间所限，有很多问题没有在本书中进行深入和详细地讨论，需要在以后的研究工作中持续改进、丰富和完善，具体包括以下几个方面。

（1）在适宜生态水位研究中，本书对水鸟生境进行了初步探索，确定了水鸟适宜生境面积和水位的关系，但受研究时间和数据资料所限，未对汤逊湖水鸟最适宜生境面积进行深入探索。在未来的研究中，可结合汤逊湖的实地调研结果，深入开展水鸟栖息地研究，进一步确定汤逊湖最小繁殖生境面积和最佳适宜性生境面积，为汤逊湖的水生生物保护和综合管理提供科学依据。

（2）在湖泊生态水位计算中，本书仅考虑水鸟和水生植物这两种生态保护目标，在今后的研究中，可进一步加强湖泊水生生物指标（如浮游动物、底栖生物、鱼类等的密度、频度和优势度）和栖息地指标的监测，分析湖泊水位对鱼类、底栖动植物、浮游动物等水生动植物的影响，从生物多样性和生态系统健康等角度提出生态水位的计算方法。

（3）在综合控制水位研究中，汤逊湖水质调控水位和防洪排涝水位在部分月份存在冲突，难以协调，特别是在汛期，入湖污染负荷较大，从水环境和景观要求角度来看，水位越高，湖泊水环境容量越大，而从防洪排涝角度来看，汛前水位越低，越有利于调蓄洪峰和涝水出流。因此，仅依靠水位调控难以达到湖泊水质达标的目标，需进一步开展河湖连通引水调控措施，通过从梁子湖引水，来提高汤逊湖水体的流动性，从而增强湖泊的自我恢复能力，同时采取严格截污控污和生态修复等综合治理措施，以达到全面改善湖泊水生态环境的目的。

参 考 文 献

包澄澜, 王德瀚, 1981. 暴雨的分析与预报[M]. 北京: 农业出版社.

曹毅, 王辉, 2014. 基于 NDVI 指数的骆马湖水生植被分级研究[J]. 环境监测管理与技术(2): 30-32.

陈昌才, 2013. 巢湖水生植物对生态水位的需求研究[J]. 中国农村水利水电(2): 4-7.

陈守煜, 1995. 从研究汛期描述论水文系统模糊集分析的方法论[J]. 水科学进展, 6(2): 133-138.

陈晓江, 2010. 我国城市湖泊富营养化状况与监测[J]. 科技信息(5): 24, 73.

陈雄志, 2017. 武汉市汤逊湖、南湖地区系统性内涝的成因分析[J]. 中国给水排水, 33(4): 7-10.

陈振涛, 滑磊, 金倩楠, 2015. 引水改善城市河网水质效果评估研究[J]. 长江科学院院报(7): 45-51.

崔保山, 杨志峰, 2002. 湿地生态环境需水量研究[J]. 环境科学学报, 22(2): 219-224.

崔保山, 赵翔, 杨志峰, 2005. 基于生态水文学原理的湖泊最小生态需水量计算[J]. 生态学报, 25(7): 1788-1795.

高波, 刘克琳, 王银堂, 等, 2005. 系统聚类法在水库汛期分期中的应用[J]. 水利水电技术, 36(6): 1-5.

耿艳芬, 2006. 城市雨洪的水动力耦合模型研究[D]. 大连: 大连理工大学.

贺宝根, 陈春根, 周乃晟. 城市化地区径流系数及其应用[J]. 上海环境科学, 2003, 22(7): 472-475.

贺缠生, 傅伯杰, 1998. 非点源污染的管理及控制[J]. 环境科学, 19(5): 87-91.

贺金, 夏自强, 黄峰, 等, 2017. 基于丰平枯水年的湖泊生态水位计算[J]. 水电能源科学, 35(5): 33-36.

侯玉, 吴伯贤, 郑国权, 1999. 分形理论用于洪水分期的初步探讨[J]. 水科学进展, 10(2): 140-143.

胡春明, 娜仁格日乐, 尤立, 2019. 基于水质管理目标的博斯腾湖生态水位研究[J]. 生态学报, 39(2): 748-755.

胡振鹏, 冯尚友, 余敷秋, 1992. 丹江口水库兼顾发电与灌溉效益的水位控制措施[J]. 水利水电技术(4): 50-54.

惠二青, 黄钰铃, 刘德富, 2006. 城市次降雨径流污染负荷计算方法[J]. 水文, 26(5): 29-32.

贾蕾, 2014. 湖群引调水改善水质的数值模拟研究[D]. 郑州: 华北水利水电大学.

贾亦飞, 2013. 水位波动对鄱阳湖越冬白鹤及其他水鸟的影响研究[D]. 北京: 北京林业大学.

蒋婷, 张艳军, 鲍正风, 等, 2018. 湖泊水质调控的水位研究: 以磁湖为例[J]. 武汉大学学报(工学版), 51(7): 7.

赖斯芸, 杜鹏飞, 陈吉宁, 2004. 基于单元分析的非点源污染调查评估方法[J]. 清华大学学报(自然科学版), 44(009): 1184-1187.

康玲, 郭晓明, 王学立, 2012. 大型城市湖泊群引水调度模式研究[J]. 水力发电学报, 31(3): 65-69.

李景璇, 陈影影, 韩非, 等, 2021. 1990~2016 年东平湖水位变化及其对水质的影响[J]. 中国农学通报, 37(23): 94-100.

李新虎, 宋郁东, 张奋东, 2007. 博斯腾湖最低生态水位计算[J]. 湖泊科学, 19(2): 177-181.

刘发根, 李梅, 郭玉银, 2014. 鄱阳湖水质时空变化及受水位影响的定量分析[J]. 水文, 34(4): 37-43.

刘惠英, 王永文, 关兴中, 2012. 鄱阳湖湿地适宜生态需水研究: 以星子站水位为例[J]. 南昌工程学院学报, 31(3): 46-50.

刘攀, 郭生练, 王才君, 等, 2005. 三峡水库汛期分期的变点分析方法研究[J]. 水文, 25(1): 18-23.

刘涛, 杨柳燕, 胡志新, 等, 2012. 太湖氮磷大气干湿沉降时空特征[J]. 环境监测管理与技术(6): 20-24.

刘学勤, 杨震东, 袁赛波, 等, 2016. 一种湖泊生态水位计算方法: CN105868579A[P]. 2016-08-17.

刘永, 郭怀成, 戴永立, 等, 2004. 湖泊生态系统健康评价方法研究[J]. 环境科学学报, 24(4): 723-729.

彭文启, 2012. 水功能区限制纳污红线指标体系[J]. 中国水利(7): 19-22.

芮孝芳, 2004. 径流形成原理[M]. 南京: 河海大学出版社.

申萌萌, 苏保林, 黄宁波, 等, 2013. 太湖周边农村生活污染调查及入湖系数估算[J]. 北京师范大学学报(自然科学版), 49(2): 261-265.

盛瑜, 周虹好, 史伯春, 等, 2016. 畜禽养殖污染防治工作存在的问题及对策分析[J]. 中国畜牧杂志, 52(6): 74-76, 86.

宋廷山, 葛金田, 2009. 统计学: 以 Excel 为分析工具[M]. 北京: 北京大学出版社.

宋晓猛, 张建云, 王国庆, 等, 2014. 变化环境下城市水文学的发展与挑战: II. 城市雨洪模拟与管理[J]. 水科学进展, 25(5): 752-764.

谭飞帆, 王海云, 肖伟华, 等, 2012. 浅议我国湖泊现状和存在的问题及其对策思考[J]. 水利科技与经济, 18(4): 57-60.

谭学界, 2007. 湿地生物栖息地对水位的响应及生态需水研究[D]. 北京: 北京师范大学.

汪晖, 2017. 武汉城市内涝问题研究及探讨[J]. 给水排水, 43: 117-119.

汪洋, 2007. 农田面源污染现状及防治措施[J]. 农技服务, 24(8): 116.

王桂玲, 王丽萍, 罗阳, 2004. 河北省面源污染分析[J]. 海河水利(4): 29-30.

王浩, 2012. 汤逊湖流域纳污能力模拟与水污染控制关键技术研究[M]. 北京: 科学出版社.

王龙, 黄跃飞, 王光谦, 2010. 城市非点源污染模型研究进展[J]. 环境科学, 31(10): 2532-2540.

王晓霞, 徐宗学, 2008. 城市雨洪模拟模型的研究进展[C]//中国水利学会. 中国水利学会 2008 学术年会论文集(下册). 北京: 中国水利水电出版社: 931-939.

王新功, 徐志修, 黄锦辉, 等, 2007. 黄河河口淡水湿地生态需水研究[J]. 人民黄河, 29(7): 33-35.

王旭, 肖伟华, 朱维耀, 等, 2012. 洞庭湖水位变化对水质影响分析[J]. 南水北调与水利科技(5): 59-62.

王志标, 2007. 基于 SWMM 的棕榈泉小区非点源污染负荷研究[D]. 重庆: 重庆大学.

吴颜, 王晓峰, 刘永泉, 2007. 新疆平原湖泊最优运行水位评价指标体系初探[J]. 干旱区资源与环境, 21(12): 69-73.

夏军, 2018. 生态水文学的进展与展望[J]. 中国防汛抗旱, 28(6): 1-5.

肖伟华, 褚俊英, 张海涛, 等, 2009. 汤逊湖水环境及其水体污染源评价研究[C]//中国水利学会水资源专业委员会. 中国水利学会水资源专业委员会 2007 年学术年会论文集. 北京: 中国水利水电出版社: 39-48.

徐奎, 2014. 沿海城市暴雨潮位关联特性及洪涝风险分期控制研究[D]. 天津: 天津大学.

徐志侠, 王浩, 唐克旺, 等, 2005. 吞吐型湖泊最小生态需水研究[J]. 资源科学, 27(3): 140-144.

杨卫, 2018. 城市湖泊群水动力-水质-水生态耦合模型及其应用研究[D]. 武汉: 武汉大学.

杨卫, 张利平, 李宗礼, 等, 2018. 基于水环境改善的城市湖泊群河湖连通方案研究[J]. 地理学报, 73(1): 115-128.

杨云峰, 2013. 城市湿地公园中鸟类栖息地的营建[J]. 林业工程学报, 27(6): 89-94.

杨志峰, 2003. 生态环境需水量理论、方法与实践[M]. 北京: 科学出版社.

易雨君, 张尚弘, 2019. 水生生物栖息地模拟方法及模型综述[J]. 中国科学: 技术科学, 49(4): 5-19.

张丽, 2008. 湖泊水环境容量研究[D]. 昆明: 昆明理工大学.

张琳, 杨启红, 曾凯, 等, 2020. 华阳河湖群非汛期水位调控水质改善效应研究[J]. 华北水利水电大学学报(自然科学版), 41(3): 67-73.

张祥伟, 2005. 湿地生态需水量计算[J]. 水利规划与设计(2): 13-19.

张晓可, 2013. 长江泛滥平原湖泊植物水位波动需求研究[D]. 武汉: 中国科学院水生生物研究所.

张笑辰, 2014. 鄱阳湖国家级自然保护区沙湖越冬水鸟的群落特征及栖息地利用[D]. 南昌: 南昌大学.

赵鑫, 黄茁, 李青云, 2012. 我国现行水域纳污能力计算方法的思考[J]. 中国水利(1): 29-32.

周林飞, 许士国, 李青山, 等, 2007. 扎龙湿地生态环境需水量安全阈值的研究[J]. 水利学报, 38(7): 845-851.

朱冬冬, 周念清, 江思珉, 2011. 城市雨洪径流模型研究概述[J]. 水资源与水工程学报, 22(3): 132-137.

邹锐, 董云仙, 颜小品, 等, 2011. 基于多模式逆向水质模型的程海水位调控-水质响应预测研究[J]. 环境科学, 32(11): 3193-3199.

邹霞, 宋星原, 张艳军, 等, 2014. 城市地表暴雨产流模型及应用[J]. 水电能源科学(3): 10-14.

邹鹰, 郭方, 沈国昌, 等, 2006. 岳城水库控制流域暴雨洪水的时程分布规律及分期划分研究[J]. 水科学进展, 17(2): 265-270.

ABOUFIRASSI M, MARIÑO M A, 1983. Kriging of water levels in the Souss aquifer, Morocco[J]. Journal of the international association for mathematical geology, 15(4): 537-551.

ADAMS B J, PAPA F, 2000. Urban stormwater management planning with analytical probabilistic models[J]. Canadian journal of civil engineering, 28(3): 545.

ARTHINGTON A H, ZALUCKI J M, 1998. Comparative evaluation of environmental flow assessment techniques: Review of methods[M]. Canberra: Land and Water Resources Research and Development Corporation Occasional.

ARTINA S, BOLOGNESI A, LISERRA T, 2007. Simulation of a storm sewer network in industrial area: Comparison between models calibrated through experimental data[J]. Environmental modelling & software, 22(8): 1221-1228.

BURGESS G K, VANDERBYL T L, 1996. Habitat Analysis Method for Determining Environmental Flow Requirements[C]// Hydrology and water resources symposium 1996: Water and the Environment. Barton: Institution of Engineers, Australia: 203-206.

BURNS M J, FLETCHER T D, WALSH C J, et al., 2012. Hydrologic shortcomings of conventional urban stormwater management and opportunities for reform[J]. Landscape & urban planning, 105(3): 230-240.

CANTONE J, SCHMIDT A, 2011. Improved understanding and prediction of the hydrologic response of highly urbanized catchments through development of the Illinois Urban Hydrologic Model[J]. Water resources research, 47(8): 1-16.

CHEN Y, GUAN Y, MIAO J, et al., 2017. Determination of the ecological water-level and assuring degree in the Lake Gaoyou, northern Jiangsu with long-term hydrological alteration[J]. Journal of lake sciences, 29(2): 398-408.

COOKE G D, WELCH E B, PETERSON S A, 1986. Lake and reservoir restoration[M]. Boston: Butterworths.

COOPS H, HOSPER S H, 2002. Water-level management as a tool for the restoration of shallow lakes in the Netherlands[J]. Lake and reservoir management, 18(4): 293-298.

CUI B, HUA Y, WANG C, et al., 2010. Estimation of ecological water requirements based on habitat response to water level in Huanghe River Delta, China[J]. Chinese geographical science, 20(4): 318-329.

DAI L, MAO J, WANG Y, et al., 2016. Optimal operation of the Three Gorges Reservoir subject to the ecological water level of Dongting Lake[J]. Environmental earth sciences, 75(14): 1111.

GAO J F, GAO Y, ZHAO G, et al., 2010. Minimum ecological water depth of a typical stream in Taihu Lake Basin, China[J]. Quaternary international, 226(1/2): 136-142.

GLEICK P H, 1992. Environmental consequences of hydroelectric development: The role of facility size and type[J]. Energy, 17(8): 735-747.

HU C, 2009. A novel ocean color index to detect floating algae in the global oceans[J]. Remote sensing of environment, 113(10): 2118-2129.

LI Y, ACHARYA K, YU Z, 2011. Modeling impacts of Yangtze River water transfer on water ages in Lake Taihu, China[J]. Ecological engineering, 37(2): 325-334.

LI Y P, TANG C Y, WANG C, et al. 2013. Assessing and modeling impacts of different inter-basin water transfer routes on Lake Taihu and the Yangtze River, China[J]. Ecological engineering, 60(11): 399-413.

LIU X H, ZHANG Y L, SHI K, et al., 2015. Mapping aquatic vegetation in a large, Shallow Eutrophic Lake: A frequency-based approach using multiple years of MODIS data[J]. Remote sensing, 7(8): 10295-10320.

NIX S J, 1994. Urban stormwater modeling and simulation [M]. Boca Raton: CRC Press.

PARISOPOULOS G A, MALAKOU M, GIAMOURI M, 2009. Evaluation of lake level control using objective indicators: The case of Micro Prespa[J]. Journal of hydrology, 367(1): 86-92.

SCHMITT G T, THOMAS M, ETTRICH N, 2004. Analysis and modeling of flooding in urban drainage systems[J]. Journal of hydrology, 299(3): 300-311.

SHULER S W, NEHRING R B, 1994. Using the physical habitat simulation model to evaluate a stream habitat enhancement project[J]. Rivers, 4(3): 175-193.

SINGH V P, WANG G T, ADRIAN D D, 2015. Flood routing based on diffusion wave equation using mixing cell method[J]. Hydrological processes, 11(14): 1881-1894.

SPENCE D H N, 1982. The zonation of plants in freshwater lakes[J]. Advances in ecological research, 12: 37-125.

VAN DER VALK A G, SQUIRES L, WELLING C H, 1994. Assessing the impacts of an increase in water level on wetland vegetation[J]. Ecological applications, 4(3): 525-534.

WHITE M S, XENOPOULOS M A, HOGSDEN K, et al., 2008. Natural lake level fluctuation and associated concordance with water quality and aquatic communities within small lakes of the Laurentian Great Lakes region[J]. Hydrobiologia, 613(1): 21-31.

XIE X Y, QIAN X, ZHANG Y C. 2009. Effect on Water Quality of Chaohu Lake with the Water Transfer Project from Yangtze River[C]// International Conference on Bioinformatics and Biomedical Engineering. [S.l.]: IEEE: 1-4.

XU Z, WANG H, TANG K W, et al., 2005. Minimum ecological water requirements for lakes taking in - sending Out water[J]. Resources science, 27(3): 140-144.

ZHANG X K, LIU X Q, WANG H Z, 2014. Developing water level regulation strategies for macrophytes restoration of a large river-disconnected lake, China[J]. Ecological engineering, 68: 25-31.

ZHANG Y L, LIU X H, QIN B Q, et al., 2016. Aquatic vegetation in response to increased eutrophication and degraded light climate in Eastern Lake Taihu: Implications for lake ecological restoration[J]. Scientific reports, 6: 1-12.

编　后　记

　　"博士后文库"是汇集自然科学领域博士后研究人员优秀学术成果的系列丛书。"博士后文库"致力于打造专属于博士后学术创新的旗舰品牌，营造博士后百花齐放的学术氛围，提升博士后优秀成果的学术影响力和社会影响力。

　　"博士后文库"出版资助工作开展以来，得到了全国博士后管委会办公室、中国博士后科学基金会、中国科学院、科学出版社等有关单位领导的大力支持，众多热心博士后事业的专家学者给予积极的建议，工作人员做了大量艰苦细致的工作。在此，我们一并表示感谢！

"博士后文库"编委会